Monika Schaal

Der Weg
zum aufmerksamen
Hund

Tipps für
Alltag und Training

Müller
Rüschlikon

IMPRESSUM

Einbandgestaltung: r2 | Ravenstein, Verden
Titelbild: Michael Streck

Bildnachweis
Sandra Benzing: Seite 4, 6, 18, 66, 67, 94
Martina Empen: Seite 40, 84, 86
Sonja Felgner: Seite 15, 39, 63
Petra Tischner: Seite 30 oben, 62
Alle anderen Fotos: Britta und Michael Streck

ISBN 978-3-275-02201-4

Copyright © by Müller Rüschlikon Verlag
Postfach 103743, 70032 Stuttgart
Ein Unternehmen der Paul Pietsch Verlage GmbH & Co. KG

1. Auflage 2020

Sie finden uns im Internet unter www.mueller-rueschlikon-verlag.de

Lektorat: Claudia König
Innengestaltung: r2 | Ravenstein, Verden
Druck und Bindung: Graspo CZ, 76302 Zlin
Printed in Czech Republic

INHALT

INHALT

Vorwort

Es gibt kaum etwas, was uns Hundehalter mehr freut, als ein Hund, der auch in unterschied-lichsten Momenten aufmerksam auf uns achtet und sich trotz Ablenkung an uns orientiert. Aber die Realität sieht häufig anders aus. Hunde und Menschen haben mitunter völlig entgegenge-setzte Vorstellung davon, welchem Reiz bzw. welcher Tätigkeit nun Aufmerksamkeit geschenkt werden soll oder nicht.

Per Definition ist Aufmerksamkeit die Fähigkeit, aus dem vielfältigen Reizangebot der Umwelt **einen bestimmten Aspekt** bevorzugt zu betrach-ten, der in diesem Moment besonders wichtig und informativ erscheint, und andere Aspekte dagegen mehr oder weniger auszublenden.

Für die meisten Hundehalter umfasst der Begriff aufmerksamer Hund weit mehr als diese Defini-tion. Er beinhaltet ein ganzes Handlungspaket:

Der Hund soll uns nicht nur kurz beachten, sondern mit seiner Aufmerksamkeit bei uns bleiben und auch die Anweisungen umsetzen, die wir in diesem Moment geben. Das setzt jedoch voraus, dass er die gewünschte Leistung bereits erlernt hat. Wenn er dafür gleichzeitig etwas Unerwünschtes unterlassen soll – was häufig der Fall ist – muss er seine eigenen Wünsche und Bedürfnisse für diese Zeitspanne zurückstellen können.

Dazu kommt noch der emotionale Aspekt. Für viele Menschen ist ein aufmerksamer Hund das Merkmal für eine gute Beziehung und enge Bindung zum Hundehalter. Schenkt uns der Vierbeiner wenig Beachtung, findet er andere Dinge wichtiger, wird dies schnell gleichgesetzt mit mangelnder Bindung oder geringer Wertig-keit des Hundehalters. Dies spiegelt sich auch in Aussagen wie: »Alles andere scheint ihm wichtiger zu sein ...«

Mit diesem Buch möchte ich dazu beitragen, dass Sie wichtiger werden füreinander und aufmerksamer aufeinander achten.

Ein Aufmerksamkeits-Training beginnt für mich mit dem Interesse am anderen. Wer ist mein Hund? Welche Interessen, Vorlieben oder Ängste hat er? Wann braucht er Hilfe? Wann sucht er meine Nähe oder wann möchte er meine Bestätigung? Wie zeigt er seine Kontaktbereit-schaft? Interesse am Wohlergehen des anderen bedeutet auch zu erkennen, wann der Hund mit sich selbst genug zu tun hat, seine Ruhe braucht und mit meinem Wunsch nach Aufmerksamkeit überfordert ist.

Ein Aufmerksamkeits-Training soll aus meinem Hund keinen Befehlsempfänger machen, der mich fast pausenlos im Blick behalten muss, sondern dazu führen, dass wir die Anforderun-gen des Alltags, eines Trainings oder eines Wettkampfes gemeinsam meistern und uns dabei wohlfühlen. Es beschränkt sich nicht darauf, ein Technik-Programm über den unaufmerksamen Hund zu stülpen, sondern besteht aus mehreren Puzzle-Teilen, die aus dem Nebeneinander ein Miteinander machen.

Gesagt ist nicht gehört – gehört ist nicht verstanden

»Gesagt ist noch nicht gehört,
gehört ist noch nicht verstanden,
verstanden ist noch nicht einverstanden,
einverstanden ist noch nicht getan,
getan ist noch nicht beibehalten.«
Konrad Lorenz

Dieses Zitat passt sehr gut zum Thema Aufmerksamkeit. Es regt zum Nachdenken darüber an, warum Ihre Rufe in bestimmten Situationen ungehört verhallen oder der Hund nicht zu Ihnen schaut, obwohl er Ihre Aufforderung dazu doch gehört haben muss.

Die Signale aus der Menschenwelt und die Vorstellung, wie etwas ablaufen sollte, landen in der Hundewelt, in welcher Ihr Vierbeiner gerade mit seinen Wahrnehmungen beschäftigt ist und der jeweiligen Situation seine eigene Wertigkeit beimisst. Was der Hund in diesem Moment als wichtig einstuft, wird beeinflusst durch gemachte Erfahrungen, die Genetik, seine mentale und körperliche Verfassung sowie seine momentanen Bedürfnisse.

Die Umweltreize erfordern alle Aufmerksamkeit

In manchen Momenten ist Ihr Hund durchaus aufmerksam, ja sogar höchst konzentriert. Sein ganzes Interesse gilt jedoch seinem Umfeld, mit dem er so sehr beschäftigt ist, dass er weitere Mitteilungen nicht bzw. nur am Rande wahrnimmt. Sein Gehirn sortiert alle Informationen, die es über die Sinnesleistungen erhält, nach Wichtigkeit.

Hinweise auf eine mögliche Gefahr werden vorrangig verarbeitet, genauso wie unbekannte Reize, die noch keinen Erfahrungen zugeordnet werden können. Dabei können sehr plötzlich auftretende Reize den Aufmerksamkeitsfokus schlagartig verschieben. Innerhalb von Sekundenbruchteilen macht das Gehirn eine erste Bestandsaufnahme, damit bei Bedarf schnellstmöglich reagiert werden kann: Wo kommt der Reiz her, droht Gefahr usw.? Bei uns Menschen geht das nicht anders. Plötzlich hören Sie hinter sich einen lauten Knall – natürlich drehen Sie sich um. Diese unbewusste Reaktion hat Vorrang vor allem anderen, sie unterbricht beispielsweise ein Gespräch und beeinflusst Ihr weiteres Handeln. Erst wenn die plötzliche Wahrnehmung »abgearbeitet« wurde, haben Sie wieder Zeit für anderes, Sie nehmen das Gespräch erneut auf oder setzen Ihren Weg fort.

Wahrnehmungen, die den individuellen Bedürfnissen des Vierbeiners sehr entgegenkommen, werden ebenfalls bevorzugt behandelt, zumindest solange, bis er gelernt hat, seine Wünsche etwas zurückzustellen. Ein jagdlich ambitionierter Hund wird vermutlich seine Aufmerksamkeit vorrangig dem aufspringenden Hasen zukommen lassen, der wasseraffine Hund ist beim Anblick eines Gewässers zunächst darauf fokussiert, dieses auch zu erreichen.

Ab und an wirkt Ihr Hund wie in Gedanken versunken. Er schnüffelt im Gras, Sie sprechen ihn an, er reagiert nicht. So unaufmerksam! Nein, sein Hauptaugenmerk gilt in diesem Moment den Geruchsspuren, in die er völlig vertieft eingetaucht ist. Eine Parallele zur Menschenwelt: Sie beschäftigen sich intensiv mit etwas und registrieren erst nach dem vierten oder fünften Klingelton, dass Ihr Telefon läutet oder bemerken nur verzögert, wenn Sie jemand anspricht.

Manchmal ist es die Vielzahl der Reize, die den Hund regelrecht überfluten. Wenn Ihr Vierbeiner zum ersten Mal eine Tierarztpraxis betritt oder in einem ihm fremden Umfeld unterwegs ist, können die neuen Eindrücke so überwältigend sein, dass alles andere in den Hintergrund tritt. Welpen und Hunde mit wenig Umwelterfahrung sind hier besonders betroffen. Für sie ist fast alles neu, interessant oder beunruhigend und sie sind vollauf damit beschäftigt, sich mit ihrer Umwelt auseinanderzusetzen.

In den sogenannten Fremdel-Phasen – meist im Junghundealter zwischen vier bis sechs Monaten, in der Zeit der Pubertät und oft nochmals als junge Erwachsene – reagieren viele Hunde sehr sensibel auf Wahrnehmungen, denen sie zuvor kaum Beachtung geschenkt haben. Veränderungen im Umfeld werden teilweise mit großer Skepsis betrachtet: ein Baukran, der gestern noch nicht da war, oder der Spaziergänger, welcher sonst nie auf dem einsamen Feldweg in der Dämmerung entgegenkommt.

Während der Pubertät leidet die Aufmerksamkeit Ihnen gegenüber zusätzlich darunter, dass bisher eher uninteressante Reize eine andere Bedeutung bekommen: Jede Geruchsspur scheint wichtig zu sein, jeder Artgenosse fesselt die Aufmerksamkeit.

Damit auch Ihre Signale eine Chance haben
Die Unaufmerksamkeit Ihres Hundes hat nichts damit zu tun, dass er Sie nicht schätzt. Solange

Im Schnee sieht der vertraute Baumstamm für Balou völlig anders aus und nimmt seine ganze Aufmerksamkeit in Anspruch.

Thamos erste Begegnung mit den Möwen: Kann man sie jagen, sind sie gefährlich? Damit er auch in dieser Situation aufmerksam auf seine Menschen achten kann, bedarf es mehrerer Lernschritte:
- Die Möwen verlieren durch allmähliche Gewöhnung ihren Aufregungscharakter (gegen Ende des Urlaubs sind sie für Thamo bereits nicht mehr so interessant).
- Gut aufgebautes Training des gewünschten Verhaltens (Rückruf, weitergehen o.Ä.)
- Management z.B. durch eine lange Leine, um unerwünschtes Verhalten zu vermeiden.

er wegen der Umweltreize aufgeregt oder beunruhigt ist, kann er sich nicht auch noch auf Anweisungen konzentrieren. Er muss den Umgang mit den unterschiedlichsten Ablenkungen erst erlernen und auch, dass eine Zusammenarbeit mit Ihnen selbst in solchen Momenten möglich und hilfreich für ihn ist.

Gewöhnen Sie den Hund schrittweise an die Bedingungen, unter denen er mit Ihnen kooperieren soll: eine aufregende Umgebung, fremde Menschen oder die Gegenwart von Artgenossen. Sie benötigen dazu nicht gleich viele sich seltsam bewegende Personen, eine große Trainingsgruppe, in der es sehr lebhaft zugeht oder das volle Wartezimmer der Tierarztpraxis. Eine Person und ein leeres Wartezimmer tut es auch.

Steigern Sie die Schwierigkeiten nach und nach: Verringern Sie den Abstand zu den interessanten Reizen oder besuchen Sie die Tierarzt-Praxis, wenn dort ein klein wenig mehr Betrieb herrscht. Freuen Sie sich, wenn der Hund zwischendurch kurz entspannen kann und loben Sie ihn für seine, wenn auch kleinen, Aufmerksamkeits-Gesten Ihnen gegenüber.

Viele neue Reize: Gerüche, Geräusche, Bewegungen ...

Lycille gewöhnt sich langsam an das Umfeld und kann sich – etwas abseits – auch wieder ihrem Menschen zuwenden.

Erst, wenn er die Umweltreize als nicht mehr so wichtig einstuft oder sie für ihn inzwischen zum vertrauten Alltag gehören, kann er sich Ihren Informationen zuwenden oder sich auf eine zuvor erlernte Aufgabe konzentrieren. Sie werden feststellen, dass die Gewöhnungszeit mit zunehmender Lebenserfahrung und Umweltvertrautheit kürzer wird.

Zeigen Sie Ihrem Vierbeiner, was er tun kann, anstatt seinen Fokus auf die Ablenkung zu richten. In den nachfolgenden Kapiteln finden Sie ausführliche Hinweise zu geeigneten Aufmerksamkeits-Übungen und zu Ihrer Rolle als Vorbild und sicherem Wegweiser.

Während der Zeit des Heranwachsens und der Pubertät braucht der Hund Ihren Rückhalt und Ihre Anleitung ganz besonders. Dosieren Sie die Reize sorgfältig, begleiten Sie ihn dabei mit Ruhe und Gelassenheit, er darf in seinem Tempo alles kennenlernen und sich damit auseinander-setzen. Überlegen Sie, in welchem Moment ein Aufmerksamkeits-Training sinnvoll ist und wann Sie beide draußen »nur« die Umweltreize verarbeiten und die Aufmerksamkeit auf Sie im vertrauten Umfeld festigen.

Unaufmerksam oder (noch) nicht verstanden?

Häufig wird ein Hund als unaufmerksam bezeich-net, weil er Anweisungen nicht zufriedenstellend ausführt. Mangelnde Aufmerksamkeit kann eine mögliche Ursache dafür sein. Wenn er nicht mitbekommt, was Sie von ihm möchten, kann er es auch nicht tun. Aber: Aufmerksamkeit und das Befolgen von Signalen sind völlig unterschiedliche

Handlungen. Der Hund kann Sie sehr wohl aufmerksam anschauen, Ihre Bewegungen verfolgen oder Ihre Nähe suchen. Es bedeutet nicht automatisch, dass er dann auch in gewünschter Weise auf Ihre Signale reagiert.

An folgende Punkte könnten Sie denken, wenn es mit der zuverlässigen Ausführung der Signale noch hapert.

Wie konkret sind Ihre Anweisungen? Haben Sie dem Hund erkennbar mitgeteilt, dass Sie seine Aufmerksamkeit möchten oder besteht die eher unausgesprochene Hoffnung, er möge in diesem Moment dasselbe Bedürfnis nach Nähe und Zusammenarbeit haben? Es ist enttäuschend, wenn er dann ein Mauseloch oder heruntergefallene Äpfel viel wichtiger findet, als den Spaziergang mit seinem Menschen. Hunde sind sehr feinfühlig. Doch selbst ein sensibler und zugewandter Vierbeiner kann nicht immer ahnen, wann seine Aufmer-samkeit besonders gewünscht wird oder dass diese in einer bestimmten Situation unbedingt erforderlich ist.

Ähnlich verhält es sich, falls Sie häufig den Hundenamen rufen, ohne weitere Mitteilung, was Sie damit erreichen möchten. Es ist dann nicht verwunderlich, dass der Vierbeiner vielleicht kurz aufmerkt, sich danach jedoch wieder seinen Interessen zuwendet.

Für einige Vierbeiner werden die Informationen ihrer Menschen zur gewohnten Nebensächlich-keit. Sie haben gelernt, dass sie da nicht so genau hinhören oder hinschauen müssen, weil beständig auf sie eingeredet wird oder erst bei Dringlichkeitsstufe drei in der Stimme die

Notwendigkeit besteht, etwas aufmerksamer zu werden. Evtl. weiß der Hund bereits aus Erfahrung, dass den Anweisungen keinerlei Konsequenz folgt – er kann sie wahrnehmen und befolgen oder einfach überhören.

Wie vertraut ist er grundsätzlich damit, dass Anforderungen an ihn gestellt werden? Einige Hunde zeigen sich unaufmerksam, weil sie mit Anleitungen (noch) nichts anfangen können. Sie hatten aufgrund ihrer bisherigen Lebensumstände keine Gelegenheit zur Zusammenarbeit mit dem Menschen und waren mehr oder weniger auf sich gestellt.

Vielleicht ist Ihr Hund auch überrascht, dass Sie gerade jetzt eine Anforderung an ihn stellen und reagiert deshalb nicht oder nur verzögert. Wenn er beispielsweise auf einer bestimmten Wegstrecke überwiegend seinen Interessen nachgehen oder mit jedem Artgenossen sogleich Kontakt aufnehmen darf, ist es ungewohnt für ihn, in diesem Augenblick auf Sie zu achten.

Weiß er, was er tun soll? Dieser Punkt wird gerade beim eifrig mitarbeitenden Vierbeiner nicht ausreichend beachtet. »Der kann das doch, er weiß genau...« – der Schein trügt. Nur weil der Hund phasenweise aufmerksam ist und Ihre Anweisungen ausführt, dürfen Sie nicht davon ausgehen, dass er verstanden hat, dass er dies immer und überall tun soll.

Damit ein Hund ein gewünschtes Verhalten zeigen kann, muss er dies einüben. Er braucht eine genaue Anleitung, wie sein Verhalten aussehen soll, welches Signal dazu gehört und ausreichend Möglichkeit, dies in vielen unterschiedlichen Situationen zu festigen.

Fragen Sie sich immer:
- Kann er nachvollziehen und umsetzen, was von ihm erwartet wird?
- Was können Sie dazu beitragen, damit er gerne mitarbeitet?
- Gibt es Missverständnisse oder Unsicherheiten, die abgebaut werden müssen?
- Wie können Sie es ihm einfacher machen, falls Schwierigkeiten auftreten?

»Aber manchmal kann er es doch!?« Viele Hundehalter irritiert es, dass ihr Vierbeiner auf bestimmte Wahrnehmungen »einfach so« mit großer Aufmerksamkeit reagiert, während ein gewünschtes Aufmerksamkeits-Signal unter Umständen mühsam antrainiert werden muss. Beispiel: Der Vierbeiner erwacht aus dem Tiefschlaf, wenn die Kühlschrank-Türe betätigt oder die Leine vom Haken genommen wird. Der Griff nach dem Joghurt-Becher lässt ihn aufmerken und spätestens, wenn der Löffel im fast leeren Becher kratzt haben Sie seine volle Aufmerksamkeit.

Die Aussage »einfach so« stimmt nicht, es lohnt sich für den Hund! Er hat eine Handlungskette gelernt, an deren Ende = Wohlfühlen steht. Der Reiz als solcher – z.B. Joghurt-Becher in die Hand nehmen – hat zunächst keine Bedeutung für ihn. Er hat jedoch die Erfahrung gemacht, dass anschließend etwas folgt, das seinen ganz persönlichen Vorlieben entgegenkommt: Er darf den Becher auslecken. Also lohnt es sich, dieser Wahrnehmung weiterhin Beachtung zu schenken bzw. bereits bei den Vorboten aufmerksam zu werden.

Cali und ihre Besitzerin sind ein eingespieltes Team. Durch einen schrittweisen Übungsaufbau, eindeutige Signale und viel Lob konnte die Hündin lernen, was von ihr erwartet wird.

Wenn der Hund mit sich selbst genug zu tun hat

Alles was den Hund aus seinem inneren Gleichgewicht bringt oder sein körperliches Wohlbefinden beeinträchtigt, kann sich negativ auf seine Aufmerksamkeit Ihnen gegenüber auswirken. Selbst wenn er Ihre Aufforderung versteht und gelernt hat, Aufmerksamkeit zu zeigen, wendet er sich bei Unwohlsein oftmals eher den Dingen zu, die ihm einfacher erscheinen oder mehr Wohlgefühl versprechen.

Ein körperlich müder Vierbeiner, möchte vielleicht nur gemächlich vor sich hin trotten oder schlafen. Der nicht ausgelastete Hund wird sich voller Tatendrang mit vielen Reizen beschäftigen und sich erst dann auf Sie einlassen können, wenn er etwas Energie losgeworden ist. Wenn die vorhergehenden Tage oder Ereignisse belastend waren, ist seine Aufnahmefähigkeit und Konzentration vermutlich erschöpft und er benötigt erst einmal Zeit zum Verarbeiten und Regenerieren.

Nach einer langen Wanderung liegt der Fokus von Balou eindeutig auf einer Pause im kühlen Brunnenwasser.

Hunde, die unter großer Anspannung stehen, zeigen häufig ein sehr schwankendes Aufmerksamkeits-Verhalten – von fast nicht ansprechbar bin hin zu übereifrigen, teilweise hektischen Aufmerksamkeitsgesten.

Denken Sie auch an gesundheitliche Beeinträchtigungen. Körperliche Einschränkungen wirken sich mehr oder weniger deutlich auf das Verhalten und die Lernfähigkeit aus, auch die Aufmerksamkeit leidet darunter. Es ist nachvollziehbar, dass ein Hund mit ständigem Juckreiz vermehrt mit Kratzen beschäftigt ist und ein schmerzgeplagter Vierbeiner vielleicht desinteressiert und in sich versunken wirkt. Vertrauen Sie hierbei auch ein Stück weit auf Ihr Bauchgefühl. Wenn Sie den Eindruck haben, dass Ihr Hund immer unkonzentrierter wird oder sich immer mehr zurückzieht, sollten Sie beim Tierarzt vorstellig werden.

> Im Welpen- und Junghundealter ist der Vierbeiner oft sehr mit sich selbst beschäftigt. Die körperliche Entwicklung, die mentalen »Umbauprozesse« im Gehirn und das Verarbeiten von neuen Reizen kosten viel Energie, so dass für Aufmerksamkeit manchmal nur wenig Kapazität übrig bleibt.

Die Ernährung, d.h. die tägliche Futtermenge, Anzahl der Mahlzeiten und deren Zusammensetzung kann ebenfalls Einfluss auf die Konzentration nehmen oder Unruhe begünstigen. Lassen Sie sich hier bei Bedarf beraten, was für Ihren Hund das Passende ist.

Ausgeglichenheit fördern

Aufmerksamkeit Ihnen gegenüber gelingt am besten, wenn sich der Hund körperlich und mental wohlfühlt und in einem ausgeglichenen Gemütszustand befindet. Welche Bedingungen dazu nötig sind und wie diese im Einzelnen beschaffen sein sollten, ist ganz vom jeweiligen Hund abhängig.

Nötig sind auf alle Fälle ausreichend Schlaf- und Ruhephasen, in denen der Vierbeiner wirklich zur Ruhe kommen kann und nicht dauernd neuen Reizen ausgesetzt wird. Vor allem nach aufregenden Tagen oder Erlebnissen ist diese Regenerationszeit wichtig. Rechnen Sie damit, dass Ihr Hund unter Umständen hier mehrere Ruhetage benötigt, um wieder ausgeglichen und belastbar zu sein. Manchen Vierbeinern fällt es recht schwer, wirklich abzuschalten und zu schlafen. Sie sind wie auf Dauerempfang und bei der kleinsten Aktion sofort wieder zur Stelle. Probieren Sie aus, was Ihrem Hund hilft: Braucht er einen besonders ruhigen Schlafplatz oder Ihre Nähe, damit er sich sicher und geborgen fühlt. Genießt er den Körperkontakt zu Ihnen, evtl. sogar ein In-den-Schlaf-Kraulen oder würde ihn ein direkter Kontakt wieder aktivieren? Oftmals finden Hunde leichter in den Ruhemodus, wenn sie etwas zum Kauen oder Schlecken bekommen.

Ein weiterer Punkt ist eine passende körperliche und mentale Auslastung. An manchen Tagen

Niemand kann ständig aufmerksam sein, das macht nervös und angespannt. Jeder benötigt Pausen, in denen keine Anforderungen an ihn gestellt werden und Zeit dafür, das zu tun, was man gerne möchte.

kann bereits ein ganz normaler Spaziergang, bei dem der Hund ausgiebig und in Ruhe die Umgebung erkunden kann, die richtige Beschäftigung sein. Ein anderes Mal benötig er eine Aktivität, die ihn mehr fordert.

Vorsicht ist geboten bei wilden Zerr- und Jagdspielen. Manche Vierbeiner sind danach sehr aufgedreht und nur noch schlecht ansprechbar. Wägen Sie ab, ob und wann eine solche Aktivität Ihrem Hund grundsätzlich guttut und überlegen Sie, welche Unterstützung er benötigt, um danach wieder in eine ruhige, aufnahmebereite Stimmung zu kommen.

Was können Sie tun, wenn keine Aufmerksamkeit mehr möglich ist? Sie sind beispielsweise mit Ihrem Vierbeiner unterwegs, sein

Aufmerksamkeit-Akku wird immer schwächer und die Zusammenarbeit zunehmend mühsamer.

Bemerken Sie, wann Sie in eine Abwärtsspirale geraten, d.h. Sie bessern nach, probieren es mit einem weiteren Aufmerksamkeitssignal, ein bisschen mehr Action oder Flehen in der Stimme. Leider ohne Erfolg, dafür werden Sie immer angespannter und unklarer. Für den Hund wird es zunehmend mühsam und auch unwichtig, auf Sie zu achten. Sie scheinen im Moment ja selbst nicht genau zu wissen, was zu tun ist, zumindest drücken Sie es für ihn nicht erkennbar aus.

Stoppen Sie diese Spirale rechtzeitig und gönnen Sie sich eine kurze Auszeit in möglichst reizarmer Umgebung, die dem Hund die Möglichkeit zum Ruhen, Schnüffeln, Sich-

Bewegen oder Versäubern gibt. Manchem Vierbeiner verhilft ruhiger Körperkontakt wieder zu mehr Ausgeglichenheit. Er kann beispielsweise dicht neben Ihnen sitzen, sich an Sie lehnen, Ihre Hand berühren oder Sie streicheln ihn an Körperstellen, die ihm angenehm sind.

Überlegen Sie, was Sie aus dem Konzept gebracht hat und in welcher Form dies die Kommunikation mit dem Hund beeinflusst. Waren es Faktoren aus der Umwelt, Ihre Tagesform oder die Tatsache, dass Ihr Hund trotz Ihrer Bemühungen unaufmerksam und wenig kooperativ ist? Welche Punkte können Sie auf die Schnelle verändern bzw. zumindest soweit ausblenden, dass Sie wieder gelassen und eindeutig handeln.

Orientieren Sie sich am Machbaren. Falls Hund oder/und Mensch trotz einer Pause keine Aufmerksamkeit mehr aufbringen können, dann schrauben Sie die Anforderungen so weit wie möglich herunter. Meiden Sie größere Herausforderungen, nehmen Sie den Vierbeiner an die Leine und geben Sie nur vertraute und für ihn machbare Anweisungen.

Ein sicherer Rückhalt: Farinja sucht den Körperkontakt. Die Ruhe und Besonnenheit ihres Menschen trägt viel zu ihrer Ausgeglichenheit bei.

Erste Schritte zu mehr Aufmerksamkeit

Umdenken

Meist ist es nicht diese oder jene Übung oder ein ganz spezielles Vorgehen, welches nun den großen Aufmerksamkeits-Schub bringt, sondern ein Gesamtpaket, zu dem auch das »Einfach-miteinander-Leben« im Alltag gehört. Bei allem Trainingseifer und trotz oder gerade wegen der vielen Erziehungs-Trends vermisse ich manches Mal die Bereitschaft, Geduld aufzubringen und die Lockerheit, sich auf den Hund einzulassen, zu schauen, was er mitbringt und darauf aufzubauen.

Machen Sie sich auf den Weg zu mehr Nähe, Achtsamkeit und Verbundenheit. Es ist ein spannender Prozess, der bei jedem ein wenig anders verläuft.

Wie werden Sie »wichtiger«?

Im Zusammenhang mit einem unaufmerksamen Vierbeiner kennen Sie vermutlich den Ratschlag »Wichtiger zu werden, als alles andere« – aber wie geht das? Wichtig werden Sie nicht, in dem Sie, überspitzt gesagt, den Clown spielen, pausenlos auf den Hund einreden, ihn mit Leckerchen füttern oder mit Spielzeug wedelnd über die Wiese rennen. Sie können und müssen die vielfältigen und spannenden Umweltreize nicht überbieten. Ihr Ziel ist es, dass Ihnen der Hund seine Aufmerksamkeit schenkt, obwohl unterschiedliche Umweltreize vorhanden sind.

Übernehmen Sie Verantwortung. Unsere Vierbeiner wissen nicht automatisch, wie sie sich in unserer Welt verhalten sollen, welche Regeln gelten, was gefährlich ist und wie man Herausforderungen begegnet, die verunsichern oder aufregen. Es kann eine große Beruhigung für

> *Umdenken*
>
> Nicht der Hund muss unbedingt aufmerksamer werden, sondern: Was können Sie dazu beitragen, damit er sich gerne an Ihnen orientiert und sich bei Ihnen wohlfühlt?

den Hund sein, jemand neben sich zu haben, der ihm dabei hilft, sich zurechtzufinden und Rückhalt bietet.

Einige Hundepersönlichkeiten nehmen diese Unterstützung fast erleichtert an und orientieren sich dann immer mehr an ihren Menschen. Anderen fällt es ausgesprochen schwer, Verantwortung abzugeben. Haben Sie Geduld und versetzen Sie sich in seine Lage: Stellen Sie sich eine beunruhigende Begegnung vor, bei der Ihr Hund sein Gegenüber ständig im Auge behalten möchte, um jederzeit reagieren zu können. Wenn er in einem solchen Moment auf Sie achten oder Ihren Anweisungen Folge leisten soll, muss er sich darauf verlassen können, dass Sie die richtigen Entscheidungen treffen und er sich nicht weiter darum zu kümmern braucht.

Rückhalt bedeutet auch, dem Hund – da wo es möglich ist – genügend Freiraum zu lassen, um eigene Erfahrungen zu sammeln und seinen Weg zu finden, aber dennoch jederzeit für ihn da zu sein. Sie müssen ihn nicht ständig kontrollieren oder ihm jede Entscheidung abnehmen. Mit der Zeit erkennen Sie, wann er

Bemerken Sie es, wenn Ihr Hund Hilfe braucht? Thamo sucht Unterstützung und lässt sich zum Glück von der ausbleibenden Rückmeldung nicht gleich aus der Fassung bringen, sondern fragt weiter nach.

Spätestens jetzt sollten Sie übernehmen und Hilfestellung geben:

- Der Hund wendet sich Ihnen zu, sucht den Blickkontakt, stupst Sie an, drängt sich an Sie
- Er wird zunehmend unruhiger, schaut sich ständig um oder kann kaum mehr wegschauen vom Objekt seiner Aufregung
- Seine Mimik und Gestik signalisiert Unsicherheit, Anspannung oder die Bereitschaft, jetzt sofort loszustarten

Anleitung benötigt, wie diese ausfallen muss und wann er eigenverantwortlich handeln kann, ohne dass er dabei sich oder andere gefährdet.

Werden Sie zum zuverlässigen Wegweiser. Bei manchen Teams sieht das ganz leicht aus. Der Mensch gibt die Richtung vor oder eine Anleitung und der Hund hält sich daran. Oft scheint es nicht einmal eine Anweisung zu geben und der Vierbeiner orientiert sich dennoch an seinem Menschen. Was haben die, was andere nicht haben? Manche Menschen strahlen einfach sehr viel Ruhe und Souveränität aus und können auch die Zuversicht ausdrücken, dass der Hund die gegebene Anleitung nicht in Frage stellt. Andere benötigen hier noch etwas Übung. Versuchen Sie nicht gleich alles an sich zu verändern, sondern gehen Sie praxisnah vor. Dadurch können Sie schrittweise in Ihre Aufgabe hineinwachsen.

Überlegen Sie, welche Unterstützung Ihrem Hund in diesem Moment weiterhilft. Wenn Sie eine für ihn machbare Strategie parat haben und Ihre Anleitungen nachvollziehbar sind, wächst sein Vertrauen in Ihre Kompetenz und es macht Sinn, auf Sie zu achten.

Manchmal reicht Ihre Vorbildfunktion. Hunde beobachten Ihre Sozialpartner sehr genau und stimmen häufig ihr eigenes Verhalten darauf ab. Wenn Sie den bellenden Vierbeiner hinter dem Gartenzaun gelassen ignorieren, der entgegen-kommenden Menschengruppe wie selbstver-ständlich ausweichen oder cool an der Baustelle vorbeigehen, zeigt ihm dies, wie man mit derartigen Situationen umgehen kann.

Ein anderes Mal benötigt Ihr Hund eine konkre-tere Hilfe. Geben Sie ihm dann eindeutige Anweisungen, damit er nicht lange herumrätseln muss, sondern sofort versteht, wie Sie beide jetzt handeln werden.

Handeln Sie in kritischen Momenten zügig und mit ruhiger Zielstrebigkeit. Es signalisiert dem Vierbeiner, dass Sie auch dieser Situation gewachsen sind, selbst wenn Sie dabei nicht ganz so lehrbuchmäßig vorgehen. Es ist immer noch besser, souverän eine nicht ganz optimale Entscheidung zu treffen, als hilflos zu zögern. Sie können es ja beim nächsten Mal besser machen.

Arbeiten Sie kontinuierlich an Ihrer Ruhe, Souveränität und Besonnenheit. Treten Sie selbstbewusst auf und verfolgen Sie Ihre

Strategie, ohne dabei herrisch zu sein oder Druck auszuüben. Der Hund wird sich Ihnen nur dann vertrauensvoll anschließen, wenn Sie ihm mit Wohlwollen gegenübertreten und ihn nicht überfordern.

Probieren Sie aus, wie Sie Ihre Körpersprache einsetzen können, um den Hund aufmerksam zu machen oder ihm Orientierung zu geben. Es ist ein schönes Gefühl, wenn kleine Gesten und Hinweise ausreichen, um ihn zu lenken. Die Übungen aus Kapitel drei (besonders Ja/Nein und Nachfolgen) können hierbei eine gute Unterstützung sein.

Zu Beginn Ihrer Zusammenarbeit werden Sie vermutlich häufig mit ganz konkreten Anleitun-gen arbeiten und dies evtl. auch über einen längeren Zeitraum. Später reicht oft ein kleiner Hinweis und dann kommt der Moment, in dem das Verstehen einfach da ist.

Zeigen Sie Ihrem Vierbeiner, dass Sie ihn achten und sein Wohlbefinden wichtig ist. Nehmen Sie Rücksicht auf seine Fähigkeiten und Bedürfnisse, auch wenn Sie dazu Ihre Wünsche zurückschrauben oder Ihre Komfortzone verlassen müssen.

Evtl. wird er nie der entspannt leinenlos nebenhergehende Begleiter, dafür ergeben sich andere Gemeinsamkeiten und – auch mit dem angeleinten Vierbeiner kann man ein super Team bilden. Vielleicht decken sich seine Ansprüche in Bezug auf Bewegung und Beschäftigung zunächst nicht mit Ihren Vorlieben. Wenn sich Ihr Vierbeiner gerne ausdauernd bewegt, gehen Sie eben am Sonntagmorgen mit ihm zum Canicross,

Schenken Sie Ihrem Hund Zuneigung, verbringen Sie Zeit miteinander – ohne Leistungsgedanken, einfach so zum Wohlfühlen. Daraus entwickelt sich fast automatisch ein engeres Zusammengehörigkeitsgefühl und Interesse aneinander.

Zughundesport oder auf eine längere Wandertour. Falls es Ihrem spurenbegeisterten Hund guttut, dann blocken Sie einen Abend für seine Fährten- oder Mantrail-Stunde. Die Begeisterung des Vierbeiners und seine Zufriedenheit werden Sie in Ihrem Vorgehen bestätigen.

Achtsamkeit ist keine Einbahnstraße

Die Regel, man geht sorgsam mit dem um, was einem wichtig ist, gilt in gewissem Rahmen auch unter Hunden. Wenn Ihr Hund rüpelhaft oder übergriffig Ihnen gegenüber sein darf, untergraben Sie damit auch Ihre Wertigkeit.

Wenn er aufgestellte Regeln häufig missachten darf, signalisieren Sie ihm, dass Ihre Vorgaben nicht so wichtig sind.

Höfliche Umgangsformen. Die meisten Hunde können – abhängig von ihren individuellen Möglichkeiten – durchaus lernen, sich Ihnen gegenüber rücksichtsvoll zu verhalten: das Leckerchen sanft aus Ihrer Hand zu nehmen, beim Heranrufen rechtzeitig vor Ihnen abzubremsen oder beim gemeinsamen Spiel achtsam zu sein. Dabei ist Fingerspitzengefühl gefragt, denn nicht jedes Anspringen bedeutet, dass Sie ihm nicht wichtig sind. Ungestümes Verhalten kann mit an mangelnden feinmotorischen Fähigkeiten des Hundes liegen oder häufig auch daran, dass er in diesem Moment sehr aufgeregt ist und sich selbst kaum mehr kontrollieren kann. In diesem Fall sollten Sie zunächst an mehr Ruhe arbeiten und die Anforderungen an das anpassen, was gerade machbar ist, damit der Hund erst gar nicht in diese aufgeputschte Stimmung gerät.

Unhöflich bedeutet nicht immer ungestüm. Wenn sich der Vierbeiner an Sie drängt, Ihnen die Pfote auf den Arm legt, Sie langsam und beharrlich vom Sofa schiebt oder sich auf Sie bettet, um selbst eine gute Ruheposition zu bekommen, ist das nicht immer ein großer Liebesbeweis oder das dringende Bedürfnis nach Nähe, sondern manches Mal auch ein Missachten Ihrer Bedürfnisse.

Nähe und Zusammensein sind wichtig für den sozialen Zusammenhalt. Versuchen Sie die Grenze für sich und Ihren Hund zu erkennen: Wie verhält er sich beim echten Bedürfnis nach Kontakt und wo beginnt übergriffiges Verhalten?

Achten Sie sein Bedürfnis nach Eigenständigkeit. Es gibt Zeiten, in denen man sich nahe ist und fast blind versteht, genauso wie Momente, in denen man mit sich selbst beschäftigt ist oder Abstand zum anderen braucht, ohne dass gleich das Grundvertrauen zueinander in Frage gestellt werden muss.

Thamo war im Spiel zu aufdringlich und sein Mensch fordert ihn nun zu rücksichtvollerem Verhalten auf. Er unterstützt ihn dabei durch einen ruhigen, aber bestimmten Spielabbruch, die Anweisung sich hinzusetzen und er wartet, bis Thamo wieder zur Ruhe gekommen ist, ehe er das Spiel fortsetzt.

Bei einer höflichen Kontaktaufnahme agiert der Vierbeiner in der Regel insgesamt zurückhaltender, seine Bewegungen sind weich und nicht aufdringlich. Wenn Sie nicht darauf reagieren, wird er sich vermutlich nach kurzer Zeit wieder abwenden und sich vielleicht neben Sie legen. Eine eher fordernde Kontaktaufnahme erkennen Sie daran, dass der Hund dabei sehr zielstrebig vorgeht, Ihnen beispielsweise den Körperkontakt aufdrängt und mit großer Wahrscheinlichkeit seine Bemühungen verstärkt, falls Sie nicht darauf eingehen.

Wenn es Ihnen zu viel ist, dann signalisieren Sie ihm klar und eindeutig, dass das jetzt nicht geht.

Falls ein deutliches Desinteresse Ihrerseits (nicht anschauen, nicht mit ihm reden, sich nicht zu Aktivitäten verführen lassen) nicht ausreicht, schicken Sie ihn weg. Machen Sie keine große Aktion daraus, aber lassen Sie keinen Zweifel daran, dass Sie gerade keinen Kontakt wünschen. Falls erforderlich wird der Hund auf seinen Liegeplatz gebracht.

Sollte der Hund sehr aufgeregt oder mit Anspannung reagieren, sobald seine Wünsche nicht erfüllt werden bzw. Sie ihm Grenzen setzen, ist die Unterstützung durch einen Fachmann hilfreich.

Regeln und Grenzen sind für Hunde keine so große Einschränkung ihrer Freiräume, wie es sich für uns Menschen oft anfühlt. Vorausgesetzt, sie werden auf nachvollziehbare und faire Art und Weise vermittelt. Auch unter Hunden gibt es Regeln, die das Miteinander so gestalten, dass Schwierigkeiten minimiert werden.

Wenn Ihre Ge- und Verbote nützlich sind, d.h. Gefahren abwenden, Missverständnisse klein halten und ein harmonisches Miteinander ermöglichen, machen sie auch für den Hund einen Sinn. Er bemerkt, dass Sie in der Lage sind, das Zusammenleben zu regeln und das wiederum macht es ihm leichter, sich an Ihnen zu orientieren.

Wichtig ist, dass Sie hinter diesen Geboten stehen, Ihr Hund spürt jede Verunsicherung oder Halbherzigkeit. Das bedeutet – es gibt wenige, aber zweckdienliche Regeln, Sie helfen dem Hund dabei, diese zu erlernen bzw. sich daran zu gewöhnen und erinnern ihn zügig daran, falls er sie dann nicht einhält.

Mit oder ohne Belohnungen?

Belohnungen werden eingesetzt, um dem Hund zu zeigen, dass wir sehr zufrieden mit ihm sind und ihm deshalb etwas Gutes tun wollen. Im Idealfall wirkt eine Belohnung gleichzeitig als Verstärker, d.h. sie führt dazu, dass der Hund das gewünschte Verhalten – in diesem Falle seine Aufmerksamkeit auf uns – immer öfters zeigt. Voraussetzung dafür ist, dass er die Belohnung wirklich gerne mag, in einer aufnahmebereiten Grundstimmung ist und versteht, dass er sie für gerade gezeigte Aufmerksamkeit erhalten hat.

Finden Sie heraus, was Ihrem Hund wichtig ist, dies kann je nach Situation durchaus variieren. Belohnungen müssen nicht zwingend aus einer Futtergabe bestehen. Ein bestätigender Blick, ein freundliches Wort, Körperkontakt, ein kleines Spiel oder ein machbarer Handlungsvorschlag können genauso wertvoll sein.

Häufige Fragen zu Belohnungen
Soll der Hund nur noch aus der Hand gefüttert werden, damit er beim Training motivierter mitarbeitet oder sich beim Spaziergang öfters am Menschen orientiert?

Es spricht nichts dagegen, den Hund eine Zeit lang häufiger aus der Hand zu füttern, um ihn für seine Aufmerksamkeit zu belohnen. Dazu können Sie einen Teil der täglichen Futterration verwenden, den Rest gibt es ganz normal zur üblichen Futterzeit aus dem Napf.

Wenn die Nahrungsversorgung allerdings fast ausschließlich vom Wohlverhalten des Hundes abhängt und ihm das Futter vorenthalten wird, falls er sich nicht kooperativ zeigt, grenzt das für mich schon an Erpressung, denn es bedeutet sehr viel Macht auszuüben und Abhängigkeit zu schaffen. Nahrung ist ein Grundbedürfnis und dies sollte der Hund ohne Gegenleistung erfüllt bekommen. Außerdem entsteht durch reine Handfütterung nicht automatisch mehr Aufmerksamkeit oder eine stabile Bindung. Hunger steigert sicher die Aufmerksamkeit auf das Futter in Ihrer Tasche, ist aber auch häufig die Ursache dafür, dass sich der Hund nicht mehr wie gewünscht konzentrieren kann und angespannt oder gar hektisch agiert. Zudem kann eine reine Handfütterung bei manchen Hundepersönlichkeiten eine Ressourcenverteidigung begünstigen.

Sie und das Futter werden so wichtig, dass es dies zu bewachen und verteidigen gilt.

Völlig ohne Leckerchen und Belohnung? Die Empfehlung, dass sich der Hund aus eigenem Bedürfnis heraus und auf Grund der Persönlichkeit seines Menschen an diesem orientieren soll und nicht wegen des Futters, klingt nicht schlecht. Aber überprüfen Sie bitte, wie dieses »Bedürfnis« zustande kommt. Wird hier mit Strafe und vielen Geboten gearbeitet, entscheidet sich der Hund meist nicht »aus freien Stücken« zur Zusammenarbeit, sondern um Sanktionen zu vermeiden.

Belohnungen und eine entsprechende Führungsqualität können sich hervorragend ergänzen. Oft sind Belohnungen erst ein Anreiz für den Hund, ein bestimmtes Verhalten zu zeigen.

Wenn Sie von Ihrem Hund erwarten, dass er seine Aufmerksamkeit auch in ablenkenden Momenten auf Sie richtet oder sich auf eine Aufgabe konzentriert, die er sich selbst nicht ausgesucht hätte, sind Sie auch verpflichtet, dafür zu sorgen, dass sich diese Aufmerksamkeit für ihn lohnt. Außerdem, als souveränes Vorbild mit hoher Kompetenz müssen Sie sich nicht sorgen, dass Ihr Hund Sie selbst nicht mehr so wichtig nimmt, nur weil Sie seine Aufmerksamkeit mit einem Leckerchen oder freundlichen Worten belohnt haben.

Können Sie Ihre eigene Wertigkeit erhöhen, in dem der Kontakt zu Ihnen als Belohnung eingesetzt wird? Beispielsweise den Hund ignorieren, damit dieser von sich aus vermehrt aufmerksam wird und Ihre Nähe sucht?

Etwas weniger Beachtung kann tatsächlich hilfreich sein, falls Sie Ihren Hund bisher mit Zuneigung und Aufmerksamkeit überhäuft haben und er in dieser Hinsicht völlig übersättigt ist bzw. sich dadurch fast bedrängt fühlt. Oder, wenn Ihre Überfürsorge dazu geführt hat, dass Aufmerksamkeit von seiner Seite aus kaum mehr erforderlich ist.

Handeln Sie dabei mit Augenmaß und beobachten Sie, wie Ihre Zurückhaltung beim Hund ankommt. Wenn er keinen Zusammenhang zu seiner Unaufmerksamkeit herstellen kann oder nicht gezeigt bekommt, wie er sich besser verhalten sollte, macht Ignorieren keinen Sinn, sondern verunsichert den Hund oder belässt ihn in seiner desinteressierten Haltung.

Aufmerksamkeits-Gesten des Hundes erkennen und beantworten

Hunde zeigen Ihre Verbundenheit und Aufmerksamkeit auf unterschiedliche Art und Weise und in unterschiedlicher Intensität. Messen Sie Ihren Vierbeiner nicht an anderen. Der Vergleich mit einem Hund, der geradezu am Bein seines Menschen klebt und stets ansprechbar erscheint, verunsichert nur und trübt den Blick auf die vielleicht sehr kleinen und unspektakulären Gesten Ihres Hundes.

Beobachtungs-Aufgabe: Achten Sie dabei nicht ausschließlich auf die deutlich erkennbaren Signale wie direkter Blickkontakt oder dicht bei Ihnen bleiben. Schauen Sie genauer hin und finden Sie heraus, dass mancher Blick, manche Geste Ihres Hundes eine Mitteilung oder Frage an Sie ist: Gehen wir da weiter? Habe ich das gerade gut gemacht? Hast Du das auch gehört, ist das gefährlich?

Beobachten Sie ihn im vertrauten Umfeld – am besten bei einem Spaziergang, bei dem er sich entspannt und frei bewegen kann (alternativ an langer Leine). Welche Signale erkennen Sie bei Ihrem Hund?

- Er passt sein Lauftempo Ihrer Geschwindigkeit an, bleibt z.B. stehen, bis Sie weitergehen oder beeilt sich, um zu Ihnen aufzuschließen
- Um Aufmerksamkeit zu zeigen muss er nicht dicht bei Ihnen sein oder Sie direkt anschauen. Oft ist es eine Kopf- oder Ohrbewegung zu Ihnen hin oder ein kurzer Seitenblick.
- Ab und an geht er ein paar Schritte neben Ihnen her, setzt sich kurz neben Sie

Beobachtung: In aufregenden Momenten

- Er schaut zu Ihnen – mit direktem Blickkontakt oder nur leicht aus den Augenwinkeln
- Häufig ist ein solcher Blick verbunden mit einem Langsamerwerden und kann als Frage interpretiert werden: »Was meinst Du? Wie sollen wir handeln?«
- Einige Hundepersönlichkeiten suchen kurzen Körperkontakt – sie stupsen z.B. ihren Menschen an oder machen einen kleinen Hopser auf sie zu und sind dann auch sogleich wieder in Richtung des aufregenden Reizes unterwegs.
- Wenn die Anspannung vorbei ist, folgt häufig nochmals ein mehr oder weniger deutlicher Blick und viele Hunde gehen wieder etwas zügiger, so nach dem Motto: »Das haben wir geschafft.«

Thamos Aufmerksamkeit ist deutlich sichtbar. Er bleibt stehen und wendet sich seinen Menschen zu, um zu erfahren, wie es weitergeht.

Mit einem kurzen, aber intensiven Blick im Vorbeirennen, teilt mir Mogli mit, dass er mich nicht vergessen hat, aber im Moment einfach zügig DORT hin muss.

Eine emotionale Verbundenheit darf nicht daran festgemacht werden, ob der Hund Sie fast ununterbrochen im Blick hat oder ständig Ihre Nähe sucht. Georgina orientiert sich ganz unaufgeregt an ihrem Menschen.

Antworten Sie auf die Signale Ihres Hundes.
Wenn seine Gesten keinen Anklang bei Ihnen finden, wird er sie immer weniger zeigen. Die Art der Antwort hängt vom Hund ab und der Situation, in der Sie sich gerade befinden.

Mit Lob: Damit meine ich ein echtes, ehrliches Wohlwollen, das Ihre Freude über die Kontaktaufnahme zum Ausdruck bringt. Ob Sie dabei einen ganzen Satz sagen oder nur ein präzise eingesetztes Lobwort, ist situationsabhängig. Möchten Sie beruhigend wirken, loben Sie sehr leise und eher murmelnd. Wollen Sie Ihren Hund anfeuern »Ja, schnell, komm zu mir« oder »rasch, wir gehen da lang ...« darf Ihre Stimme ruhig lebhafter und aufmunternder klingen.

Ein Leckerchen kann ebenfalls eine gute Antwort sein und dem Hund ein angenehmes Gefühl vermitteln. Achten Sie jedoch darauf, dass es wirklich eine Antwort ist und Sie ihn nicht unbewusst damit locken. Viele Hunde wissen ganz genau, dass Futter in Ihrer Tasche ist und werden bereits aufmerksam, wenn Sie nur die Hand in die Tasche stecken oder die Futtertüte berühren.

Einer Verbundenheitsgeste: Dies sind Signale, die Hunde untereinander nutzen, um ihre Zusammengehörigkeit auszudrücken. Dazu gehört Blickkontakt, dicht nebeneinander gehen, Berührungsgesten oder Kontaktliegen. Viele Hunde zeigen diese Gesten auch gegenüber uns Menschen und schätzen es, wenn sie erwidert werden. Reagieren Sie beispielsweise auf seinen Blickkontakt mit einem kurzen Nicken, einer kleinen Geste oder einem leisen gemurmelten Wort und gehen entspannt weiter. Das bestätigt ihn ganz unaufgeregt und fast beiläufig darin, dass Sie seine Aufmerksamkeit bemerkt haben und Sie beide weiterhin als Team unterwegs sind.

Mein Hund mag eine kleine Berührungsgeste, wenn er gerade seitlich an mir vorbeiläuft. Ich streiche mit meiner Hand an ihm vorbei bzw. halte die Hand so, dass er von sich aus daran vorbeistreichen kann. Und manchmal tut es ihm gut, wenn er sich anlehnen darf oder einige Meter mit Körperkontakt eng neben mir gehen kann.

Probieren Sie aus, was Ihrem Hund angenehm ist und für ihn bedeutet, dass Sie beide in Verbindung stehen.

Konkrete Hilfestellung: Wieder andere Vierbeiner fragen gerne um Rat, wie in einer schwierigen oder unübersichtlichen Situation gehandelt werden kann. Lassen Sie ihn dann nicht im Stich, sondern signalisieren Sie ihm, was zu tun ist. Erhält er keine oder nur unzureichende Unterstützung, wird er immer seltener nachfragen. Das wäre für ihn, vor allem in kritischen Momenten, Zeit und Energieverschwendung, denn er muss ja versuchen, die Sache selbst zu regeln.

Unterstützung für ...

Die Grundlagen für mehr Aufmerksamkeit und Konzentration sind im Prinzip für jeden Hund gleich. Weil aber jeder andere Voraussetzungen mitbringt, kann der Umgang und das Training mit dem Vierbeiner nicht nach dem 08/15-Prinzip ablaufen oder sich daran orientieren, was bei anderen geholfen hat. Hundetraining besteht immer darin, Einfluss zu nehmen und den Hund zu dem Verhalten zu bewegen, das wir gerne hätten. Deshalb liegt es in unserer Verantwortung sowohl die Erwartungen, als auch das Vorgehen an das anzupassen, was dem Hund möglich ist.

Hunde, die drinnen aufmerksam sind, draußen jedoch ...

Es macht vielen Hundehaltern zu schaffen, dass ihr Vierbeiner im häuslichen Bereich den Kontakt sucht, beim Spaziergang hingegen alles andere mehr beachtet und wichtiger findet.

Für den Hund ist sein Verhalten erst einmal völlig normal. Unterwegs gibt es so viel Neues oder Interessantes wahrzunehmen und zu verarbeiten, dass der Kontakt zum Menschen zeitweise etwas in den Hintergrund rückt. Daheim ist fast alles vertraut und selbst die Ablenkungen wiederholen sich im Laufe der Zeit. Deshalb hat er hier viel mehr Kapazität frei für die Interaktionen mit seinem Menschen.

Der erste Schritt zu mehr Aufmerksamkeit besteht darin, zu verstehen, warum sich der Hund draußen weniger zugewandt verhält als daheim. Jeder Hund hat andere Beweggründe und danach richtet sich das weitere Vorgehen.

Der häufigste Grund ist, dass ihn die Umweltreize grundsätzlich oder punktuell doch mehr beschäftigen, als Sie annehmen. Umweltgewöhnung braucht Zeit und Zusammenarbeit unter ablenkenden Bedingungen gelingt erst nach vielen Wiederholungen.

Schätzen Sie realistisch ein, was Ihr Hund zu leisten vermag. Fällt es ihm beispielsweise gegen Ende/Anfangs eines Spaziergangs, in einer bestimmten Gemütsverfassung oder beim Auftreten eines speziellen Reizes besonders schwer, auf Sie zu achten?

Fragen Sie sich auch, ob der Hund innerhalb der Wohnung wirklich aufmerksamer ist oder ob hier sein Desinteresse nicht so sehr ins Gewicht fällt, weil Sie nicht zwingend darauf angewiesen sind. Unterwegs macht es sich deutlicher bemerkbar, wenn der Hund nicht mit Ihnen kooperiert und sich ablenken lässt.

Festigen Sie bei Bedarf Zusammenarbeit und Aufmerksamkeit im häuslichen Bereich. Wenn der Hund nicht daran gewöhnt ist oder nur dann auf Sie achtet und sich Ihnen anschließt, wenn es ihm gerade selbst ein Bedürfnis ist, wird er draußen wahrscheinlich ebenfalls seinen Interessen nachgehen.

Gibt es Missverständnisse zwischen Ihnen und dem Vierbeiner? Reden und empfinden Sie manchmal aneinander vorbei? Sie möchten einen schönen Spaziergang in Begleitung Ihres Vierbeiners unternehmen oder haben sich vorgenommen, an einer bestimmten Aufgabe zu üben. Ihr Hund will rennen, trödeln, schnüffeln, erkunden und den Kontakt zu Ihnen sucht er vielleicht in ganz anderen Momenten, als Sie es für wichtig erachten.

Wenn Sie mehr Aufmerksamkeit vom Hund möchten, dann sagen Sie es ihm. Verlassen Sie sich nicht darauf, dass er in der Anfangsphase des Zusammenwachsens genauso empfindet wie Sie. Reflektieren Sie Ihr Verhalten. Sind Sie draußen angespannter, abgelenkter, unsicherer, energischer – einfach anders als daheim und erschweren dem Hund dadurch das Aufmerksam-sein?

Nehmen Sie das »Wir-Gefühl« mit nach draußen:

- Vermitteln Sie Ihrem Hund das Gefühl, dass Sie die Zeit mit ihm genießen und gerne mit ihm unterwegs sind. Nützen Sie Vorgehensweisen und Signale, die daheim zur Aufmerksamkeit betragen, beispielsweise gemeinsames Spielen, Körperkontakt oder bestimmte Rituale, um sich auch draußen verbunden zu fühlen.
- Übertragen Sie Beschäftigungen und Übungen, die er gerne ausführt, schrittweise nach außerhalb. Nicht unter Anspannung und als Pflichtaufgabe, bei der er jetzt unbedingt Bei-Fuß-Gehen oder herankommen muss, weil etwas Aufregendes ins Blickfeld kommt. Sondern in lockerer Stimmung und einem Umfeld, in dem der Vierbeiner die Leistung auch zeigen kann. Sparen Sie nicht mit Lob, wenn er mit Ihnen zusammenarbeitet.
- Und – um das Zusammengehörigkeitsgefühl zu stärken braucht es nicht unbedingt viele Worte oder spektakuläre Beschäftigungen. Oft sind es die kleinen Gesten und leisen Töne, die zur Verbundenheit beitragen.

Hunde, die sich leicht ablenken lassen

Ihre Unaufmerksamkeit hat nichts damit zu tun, dass sie den Menschen nicht wichtig und interessant finden oder Anweisungen nicht befolgen möchten. Im Gegenteil, häufig arbeitet ein solcher Hund freudig mit und orientiert sich auch gerne an seinem Menschen, es kommt ihm halt immer wieder etwas dazwischen. Er ist meist reaktionsschnell und bewegungsfreudig, auch seine Aufmerksamkeit zeigt er oft durch schnelle, kurze Gesten.

Kommt zur leichten Ablenkbarkeit auch noch eine aufgeregte Grundstimmung, kann dies die Unaufmerksamkeit weiter verstärken.

Trainings-Tipps

- Qualität vor Quantität. Überhäufen Sie ihn nicht mit Trainingsmaßnahmen und Aufmerksamkeits-Signalen, auch wenn seine Leistung in diesem Bereich noch höchst ausbaufähig ist. Gehen Sie die Sache mit Bedacht, aber konzentriert und konsequent an.
- Beginnen Sie mit dem Aufmerksamkeits- und Konzentrations-Training in einem ablenkungsarmen Umfeld, damit sich genügend Möglichkeit findet, ihn für seine Zusammenarbeit zu loben.
- Kommunizieren Sie ruhig und eindeutig und beschränken Sie sich auf die Anweisung, die Ihr Hund in diesem Moment benötigt. Auf welche Signale kann Ihr Hund am besten achten: Sind es Ihre Stimme, die Körperhaltung, Ihr zielstrebiges Verhalten, bestimmte Gesten oder ein besonderes Signal, wie z.B. die Hundepfeife?
- Bleiben Sie selbst so konzentriert wie möglich. Wenn Sie sich aus dem Konzept bringen lassen, sei es durch das Umfeld oder die Unaufmerksamkeit Ihres Hundes, wird dieser sich davon anstecken lassen.
- Vielen Hunden helfen Rituale, um sich auf eine Zusammenarbeit einzustimmen: der Trainings-Aufgabe wird ein bereits gut erlerntes Signal, z.B. SITZ vorangestellt, Sie verwenden die immer gleichen Ausrüstungsgegenstände usw.
- Sorgen Sie für Regenerationsmöglichkeiten, damit der Hund entspannen und zur Ruhe kommen kann.
- Konzentrations-Übungen und Beschäftigungen, bei denen er ruhig und ausdauernd arbeitet, eignen sich hervorragend, um dem Hund insgesamt mehr Stetigkeit beizubringen.
- Trainieren Sie Anker-Übungen für Momente, in denen der Vierbeiner völlig abgelenkt ist. Damit sind Aufgaben gemeint, die er sicher

gelernt hat und ihn auch in schwierigen Momenten wieder auf Sie aufmerksam machen (siehe auch Notanker-Übungen, Kapitel 3).

Selbstständige Hunde mit eigenen Interessen

Ihre Unabhängigkeit wirkt oft wie völliges Desinteresse und eine Zusammenarbeit scheint mühsam bis unmöglich zu sein. Schauen Sie hinter die Fassade, es sind faszinierende Hundepersönlichkeiten.

Bestimmte Hunderassen wurden dafür selektiert, selbstständig zu arbeiten. Die Aufmerksamkeit dieser Hunde gilt in erster Linie ihrer Aufgabe und allem, was damit zusammenhängt. Davon lassen sie sich auch nicht so leicht abbringen. Durch Spiel, Spaß oder in ihren Augen unwichtige Trainingsaufgaben sind sie nur begrenzt zu begeistern.

Viele achten sehr wohl auf ihren Menschen und arbeiten mit ihm zusammen, vor allem, wenn es für sie sinnvoll und lohnenswert erscheint. Ihre kleinen Aufmerksamkeits-Gesten können jedoch leicht übersehen werden und ab und an unterbrechen sie die Zusammenarbeit, um eigenständig etwas zu erledigen.

Ein selbstständig wirkendes Verhalten kennen wir auch von Vierbeiner, die aufgrund ihrer Lebensumstände auf sich selbst gestellt waren. Aufmerksamkeit auf das Umfeld und eigene Entscheidungen sicherten ihr Wohlergehen. Dies betrifft häufig Hunde aus dem Auslands-Tierschutz oder unglücklichen Haltungsbedingungen. Für uns Menschen mag das bisherige Hundeleben nicht optimal gewesen sein, für den

Hilft es, sich zu verstecken, um die Aufmerksamkeit des Hundes zu fördern? Bei einigen Vierbeinern führt es in der Tat dazu, dass sie mehr auf ihre Menschen achten. Für unsichere, aufgeregte oder sehr sensible Hunde ist ein solches Vorgehen nicht zu empfehlen. Sie geraten in Stress, fangen hektisch an zu suchen und ihre Aufmerksamkeit resultiert aus Verunsicherung und der Sorge, Sie plötzlich wieder zu verlieren. Ein sehr selbstständiger oder nicht an die Zusammenarbeit mit dem Menschen gewöhnter Hund wird sich evtl. nicht wirklich darum kümmern, dass Sie weg sind. Viele registrieren auch beruhigt, dass Sie ja irgendwo in der Wiese hocken und gehen deshalb seelenruhig ihrem Umwelterkunden nach.

Besser ist es, wenn der Hund erfahren darf, dass er sich in Ihrer Nähe sicher und gut aufgehoben fühlen kann, auch wenn dies mitunter ein längerer Lernprozess ist.

Hund war es alles, was er gekannt hat und mit dem er umgehen musste. Auch wenn sich nun seine Lebensbedingungen verbessern und er von seiner Persönlichkeit her ein eher zugewandter Hund ist, kann er sein eigenständiges Handeln meist nicht von heute auf morgen abstreifen. Er wird zunächst weiterhin seine Aufmerksamkeit vermehrt den Reizen zuwenden, die bisher von hoher Bedeutung für ihn waren.

Trainings-Tipps

- Bleiben Sie gelassen, Ihr Hund ist weder schwer erziehbar noch völlig ohne Beziehung zu Ihnen. Seine Aufmerksamkeit ist einfach noch ausbaufähig.
- Vermeiden Sie es, ihm Aufmerksamkeit und Zuwendung aufzudrängen. Manche Besitzer eines sehr selbstständigen Hundes tun alles dafür, um seine Aufmerksamkeit auf sich zu lenken. Er wird angesprochen, angefasst, verschiedenste Arten von Spielzeug und Futter werden ihm förmlich hinterhergetragen. Gerade dieses Aufdrängen führt jedoch häufig dazu, dass die Hunde noch mehr auf Distanz gehen, Körperkontakt ist vielen sogar eher unangenehm.

- Viele Vierbeiner arbeiten nur dann gerne mit, wenn das für sie einen Sinn macht. Vielleicht gehört Ihr Hund zu denen, die erst durch eine für sie wichtige Aufgabe und durch gemeinsame Unternehmungen mehr Interesse an Ihnen entwickeln.
- Gewinnen Sie den Hund durch Ihre Ruhe und Gelassenheit, mit harschen Anweisungen oder Hektik werden Sie nicht viel erreichen.
- Bleiben Sie konsequent und berechenbar. Wenn ein bestimmtes Vorgehen erforderlich ist, wird das auch gemacht. Reicht hier die Aufmerksamkeit und Zusammenarbeit des Hundes noch nicht aus, greifen Sie ganz cool auf ein gutes Management zurück, das erspart eine Menge Stress: Führen Sie ihn angeleint, halten Sie entsprechenden Abstand usw.

Jeder hat mal eigene Interessen …

- Stellen Sie sich darauf ein, dass sich die erwünschte Aufmerksamkeit nur zögernd entwickelt. Es braucht Zeit und viele positive Erfahrungen, bis der Hund seine Eigenverantwortung auf Sie überträgt und bereit ist, sich an Ihnen zu orientieren.
- Belohnen Sie weiterhin bereits kleinste, vom Hund selbst angebotene, Schritte in Richtung Aufmerksamkeit. Überschwängliche Aktionen sind dabei den meisten Vierbeinern eher unangenehm. Besser sind Ihre ehrliche, aber ruhige Freude, ein gemeinsames Weiterarbeiten, ein wohlwollender Blick und für manche auch eine Futterbelohnung.

Schwer motivierbare Vierbeiner

Bei einigen Hunden ist das gemütliche Temperament ein Teil ihrer Persönlichkeit. Sie ruhen gerne, bewegen sich am liebsten in ihrem gemäßigten Tempo und sind nur dann auch einmal schneller unterwegs, wenn sie es selbst für nötig erachten. Sie schätzen die Nähe ihrer Menschen und achten auf sie, jedoch alles recht bedächtig.

Andere Vierbeiner sind durch bestimmte Lebensbedingungen oder ihre Vorgeschichte in eine reservierte, manchmal sogar resignierte Haltung geraten. Niemand hat ihnen gezeigt, wie schön gemeinsame Aktionen sein können

Wenn sich der Hund bei Bedarf umorientieren und auf Ihre Anweisungen einlassen kann, brauchen Sie aus einem unaufmerksamen Verhalten nicht gleich eine Grundsatzdiskussion zu machen.

oder sie das Lernen gelehrt und für ihr Interesse am Menschen haben sie nur wenig Zuspruch erhalten.

Manche Hunde sind mit den an sie gestellten Ansprüchen überfordert, machen Fehler, werden mehr korrigiert als gelobt und empfinden immer weniger Freude an der Zusammenarbeit.

Trainingstipps
- Fordern und erwarten Sie keine Überschwäng-lichkeit.
- Probieren Sie aus, welches Lob in welcher Dosierung dem Hund angenehm ist. Dürfen Sie in begeisterte Jubelrufe ausbrechen und anfeuern oder sollten Sie etwas zurückhalten-der sein.
- Üben Sie nur sehr kurz und wählen Sie zunächst Aufgaben, die dem Hund leichtfallen. Bemerken Sie, wenn er etwas nicht versteht und deshalb ausweicht oder sich zurückhält.
- Versuchen Sie eine Beschäftigung zu finden, die ihm Freude macht und seinen Fähigkeiten entgegenkommen. Vielleicht ist es eine Wanderung mit Ihnen, eine Such-Aufgabe, oder seine Mithilfe: er trägt die Brötchentüte vom Auto zur Wohnung oder beaufsichtigt Ihren Rucksack, bis Sie ein Foto gemacht haben.
- Bei Vierbeinern, die an eine Zusammenarbeit mit Menschen so gar nicht gewohnt sind, ist es oft die bessere Strategie, zunächst nicht bewusst zu üben, sondern einfach miteinander zu leben. Anfangs reicht es nur Interesse zu wecken – nicht forciert und mit Erwartungen, sondern eher beiläufig. Was spricht Ihren Hund an: sind es Bewegungen, Ihre Stimme, der Geruch von Leberwurst? Mit der Zeit interessiert es ihn vielleicht und er kommt

nachschauen, wenn Sie etwas in der Hand halten, gemütlich auf dem Teppich sitzen, unter dem Schrank kramen oder ihm aus der Zeitung vorlesen. Darauf können Sie aufbauen.

Ängstliche und unsichere Hunde

sind oftmals gefangen in einer Welt voller Gefahren, die ihre ganze Aufmerksamkeit erfordern. Der Vierbeiner bemerkt weder Ihre Anweisung, noch Ihre ruhige Gelassenheit mit der Sie ihn durch angsteinflößende Situation lenken möchten. Es braucht meist lange Zeit und gleichbleibend ruhiges und einfühlsames Verhalten Ihrerseits, bis er erkennt, dass es ihm guttut, wenn er sich auch in Angst-Momenten an Ihnen orientiert.

Die Ursachen für Angst und unsicheres Verhalten können vielfältig sein: genetische Faktoren, Deprivationsschäden, unzureichende Sozialisation oder Lernerfahrungen. Manche ehemaligen Straßenhunde zeigen noch lange Zeit eine gewisse Scheue und Zurückhaltung gegenüber bestimmten Situationen oder Menschen, weil dies bisher ihr Überleben gesichert hat.

Die Ängstlichkeit kann generell vorhanden sein oder sich nur auf bestimmte Bereiche beschränken. Besonders schwierig ist es, wenn sich der Vierbeiner auch Ihnen gegenüber ängstlich zeigt. Er braucht dann oftmals – wie viele Angsthunde, ein so individuelles Vorgehen, dass dazu die Hilfe eines Fachmanns anzuraten ist.

Trainingstipps:
- Der erste Schritt: eine Vertrauensbasis aufbauen. Erst wenn der Hund Ihre Nähe entspannt toleriert, Futter von Ihnen annimmt, ohne gleich wieder zurückzuwei-

chen, evtl. sogar aktiv den Kontakt sucht, können Sie an ein Aufmerksamkeits-Training denken.

- Verlangen Sie nicht von ihm, dass er Augenkontakt aufnimmt oder direkten Körperkontakt zu Ihnen hält.
- Sorgen Sie beim Lernen für ein angstfreies Umfeld. Solange sich der Hund in einem bestimmten Umfeld oder in Anwesenheit bestimmter Personen oder Artgenossen nicht sicher fühlt, wird es schwer seine Aufmerksamkeit einzufordern oder gar Konzentration auf eine bestimmte Aufgabe zu verlangen.
- Sicher ist sicher: ängstliche Hunde neigen zu Panik und Fluchtverhalten und dies auch in Momenten, die wir für »ungefährlich« halten. Führen Sie ihn deshalb immer so, dass er sich nicht aus Halsband oder Geschirr winden kann.
- Vermitteln Sie ihm Sicherheit und zeigen Sie ihm, dass Sie ihn unterstützen können, in dem Sie selbst Ruhe bewahren und zielorientiert handeln.
- Finden Sie ein gutes Mittelmaß zwischen Verständnis für seine Unsicherheit und Anforderungen, die Sie an ihn stellen. Regeln und Strukturen, zu denen auch gut eingeübte Aufmerksamkeits-Aufgaben gehören, geben vielen Hunden Sicherheit.
- Stärken Sie sein Selbstbewusstsein, z.B. durch eine Beschäftigung, die ihm Spaß macht, gemeinsames Umwelterkunden in angstfreier Umgebung oder das Erlernen von Tricks und kleinen Geschicklichkeitsübungen.

Und wenn's zu viel Aufmerksamkeit ist?

Bei bestimmten Rassen wird seit vielen Generationen großes Augenmerk auf eine enge Zusammenarbeit mit dem Menschen gelegt. Vielen Hunden dieser Rasse ist die Nähe zu ihrem Menschen ein echtes Bedürfnis und es gelingt relativ leicht, Aufmerksamkeit und Kooperationsbereitschaft herzustellen oder noch weiter auszubauen.

Eine starke Menschenbezogenheit hat jedoch auch ihre Tücken. Es ist ein schmaler Grat, der Aufmerksamkeit und Anhänglichkeit von aufdringlichem Verhalten und Abhängigkeit trennt. Anfangs mag es nett sein, wenn der Hund Sie ständig im Blick hat oder Ihnen hinterherläuft. Wird er dann aber für jede Form der Aufmerksamkeit beachtet, kann sich daraus schnell ein »Zu-Viel« entwickeln. Der Hund ist sozusagen in einer Art Dauerbereitschaft, bei der er kaum mehr zur Ruhe kommt oder er versucht, ständig auf sich aufmerksam zu machen und den Kontakt einzufordern. Manches Mal entwickelt sich daraus eine immer größer werdende Abhängigkeit, die den Hund sehr verunsichert, wenn er dann einmal nicht direkt in Ihrer Nähe sein kann.

Der Trainings-Schwerpunkt für den sehr anhänglichen Hund liegt darauf, seine Aufmerksamkeits-Bereitschaft in die richtigen Bahnen zu lenken.

- Honorieren Sie seine Aufmerksamkeit bevorzugt in Situationen, in denen sie Ihnen wichtig ist. Beispielsweise, wenn er sich in einer aufregenden Situation bei Ihnen rückversichert oder Aufmerksamkeit gefragt ist, um eine Aufgabe gut zu meistern.
- Gehen Sie in Momenten, in denen die Aufmerksamkeit des Vierbeiners unangebracht ist, auch nicht extra darauf ein. Er kann bei Ihnen sein, neben Ihnen liegen, ohne dass er dafür weiter beachtet wird.
- Zeigen Sie ihm, dass man sich nicht ununterbrochen körperlich nahe sein muss, um sich verbunden zu fühlen. Nehmen auch Sie sich

Cali ist eine zugewandte Hündin. Bei ihr ergeben sich fast wie von selbst viele Gelegenheiten, um sie für ihre Aufmerksamkeit zu loben.

etwas zurück und bringen Sie ihm bei, zwischendurch auf seinen Ruheplatz zu gehen und dort zu bleiben.

- Bemerken Sie, durch welche Faktoren sich seine Anhänglichkeit noch verstärkt: wenn er versichert oder im Stress ist, in Zeiten in denen es ihm nicht gut geht oder bei Veränderungen im persönlichen Umfeld.

Trainings-Tipps für den aufgeregten und übereifrigen Vierbeiner

Er ist meist auf den kleinsten Wink zur Zusammenarbeit bereit, fällt beim Nebenher-Gehen fast über die eigenen Pfoten, um den Blickkontakt zu Ihnen nicht zu verlieren oder beginnt schon damit eine Aufgabe auszuführen, wenn Sie auch nur daran denken. Ein solcher Übereifer ist manchmal auch ein Ausdruck von Anspannung oder Unsicherheit.

- Vergessen Sie bei aller Freude über seine Aufmerksamkeit und begeisterte Mitarbeit nicht, darauf zu schauen, wie es dem Hund dabei geht. Wann braucht er Freizeit, um zu entspannen? Wie üben Sie mit ihm, damit keine Missverständnisse entstehen? In welchem Umfeld kann er lernen, was stresst ihn und steigert seine Aufregung?
- Arbeiten Sie mit kleinen Lernschritten, Struktur und einer eindeutigen Kommunikation. Durch seinen Übereifer hört er nämlich oftmals nicht so genau hin, meint bereits zu wissen, was Sie gerne von ihm hätten. Dadurch gelingen viele Dinge nicht wie gewünscht. Wird der Hund zu aufgeregt, brechen Sie besser ab und beginnen nach einer Pause noch einmal von vorne, denn Nachbesserungs-Versuche steigern meist noch die Verwirrung.
- Ruhig verlaufende Beschäftigungs- und Konzentrations-Übungen helfen dem Hund, sich mental und körperlich zu fokussieren.
- Sagen Sie ihm, wann seine Aufmerksamkeit erwünscht und wann Pause ist. Ohne diese Anleitung wäre er unermüdlich im Einsatz, was ihn körperlich, aber vor allem mental völlig überfordern würde.

Auch ein aufmerksamer Hund braucht Lernmöglichkeiten. Es wäre unfair zu erwarten, dass er seine grundsätzlich vorhandene Aufmerksamkeit ohne jegliches Training genau dann zeigt, wenn wir sie gerne hätten.

Aufmerksamkeit trainieren

Aufmerksamkeits-Übungen sind für viele Teams eine gute Unterstützung:

- Sie festigen die Zusammenarbeit. Während des Übens »spüren« Hund und Mensch, wie sich Aufmerksamkeit aufeinander anfühlen kann.
- Ihr praktischer Nutzen zeigt sich in Situationen, in denen sich der Hund eben nicht – wie so oft gewünscht oder erwartet – ganz selbstverständlich an Ihnen orientiert. Mit Hilfe eines eingeübten Aufmerksamkeits-Signals können Sie ihn dann durch schwierige Alltagsmomente steuern oder beim Training auf sich fokussieren, ohne ihn dabei ständig körperlich zurückhalten oder weiterziehen zu müssen.
- Für einige Hunde sind die Übungen gleichzeitig eine Art Verhaltens-Training. Die Aufgabe wird zunehmend zur positiv besetzten Alternative einer besonders aufregenden Wahrnehmung. Wenn das Vorgehen gut auf den Hund abgestimmt ist, wird er in bestimmten Situationen geradezu darauf warten, dass Sie ihm das entsprechende Signal geben. Einige Vierbeiner wenden sich mit der Zeit sogar von sich aus ihrem Menschen zu, wenn der entsprechende Auslöser auftritt.

So geht's

Der Hund lernt auf ein bestimmtes Signal hin, seine Aufmerksamkeit auf Sie zu richten und über einen gewissen Zeitraum aufrechtzuerhalten. Ein weiterer, wichtiger Lernschritt ist der Aufmerksamkeits-Wechsel vom spannenden Umweltreiz zu Ihnen. Und, damit das Ganze alltagstauglich wird, lernt er trotz Ablenkungen mit seiner Aufmerksamkeit bei Ihnen zu bleiben.

Die Basis: Alle Übungen in diesem Kapitel können die Aufmerksamkeit aufeinander verbessern. Die besten Erfolge erzielen Sie, wenn Sie sich für ein Vorgehen entscheiden, das Sie in vielen Alltags- und Trainingssituationen gut umsetzen können und mit dem auch Ihr Hund etwas anfangen kann. Nicht jeder Hund mag Blickkontakt, mein Hund sucht z.B. in aufregenden Momenten vermehrt den Körperkontakt zu mir. Für ihn hat sich die Übung »Führen mit der Hand« als hilfreich herausgestellt.

Konzentrieren Sie sich zunächst auf eine Übung. Wenn Sie zu viele verschiedene Aufmerksamkeits-Signale verwenden, besteht die Gefahr, dass keines wirklich zuverlässig geübt wird. Sollen Sie weitere Varianten benötigen, dann nehmen Sie diese nacheinander in Angriff.

Setzen Sie die ausgewählte Übung sehr bewusst ein. Bei ständigem Gebrauch achten Sie vermutlich nicht mehr so genau darauf, ob Sie die Aufmerksamkeit Ihres Hundes in diesem Moment auch wirklich erhalten. Teilen Sie dem Hund mit, wann er aufmerksam hinhören soll und signalisieren Sie ihm, beispielsweise mit dem auch sonst genützten Auflöse-Signal, wann er sich wieder seinen Dingen zuwenden darf.

Das Aufmerksamkeits-Signal muss klar und eindeutig sein, damit es auch in ablenkenden Situationen oder über eine etwas größere Distanz gut wahrgenommen werden kann. Beachten Sie dabei, dass Ihre Stimme und Gesten animierend und einladend, aber nicht hektisch wirken.

Der Aufmerksamkeits-Wechsel: Unabhängig davon, welche Aufgabe Sie wählen, entscheidend ist, dass der Aufmerksamkeits-Wechsel zuverlässig gelingt. Mancher Hund zögert gerade dann, wenn seine Aufmerksamkeit am wichtigsten wäre: in einer ablenkenden Umgebung oder beim Auftreten eines plötzlichen Reizes. Aus Sicht des Hundes ist dieses Zögern verständlich. Neu wahrgenommene Reize erfordern neue Entscheidungen von ihm (beobachten, Kontakt aufnehmen, Distanz wahren), gleichzeitig kommt ein weiterer Reiz, Ihre Anweisung, hinzu – welchem soll er den Vorrang geben?

Damit sich der Hund wirklich auf das Signal hin von einem Außenreiz ab- und Ihnen zuwendet und dann noch mit seiner Aufmerksamkeit bei Ihnen bleibt,

- muss er verstanden haben, was Sie von ihm möchten. Erst, wenn er im ruhigen Umfeld gut auf Ihr Signal reagiert, können Sie den Trainings-Schwerpunkt auf den Aufmerksamkeits-Wechsel legen.
- braucht er Vertrauen in Ihre Fähigkeiten. Sobald er Ihrer Aufforderung nachkommt, übergibt er Ihnen die Verantwortung für das Geschehen. Ein Aufmerksamkeits-Training ist nur dann erfolgreich, wenn Sie ihm ein kompetenter Wegweiser sein können.

Schulen Sie den Blick für die Signale Ihres Hundes, damit Sie bemerken, wann ein bestimmter Reiz sein Interesse erregt. Geben Sie ihm das Signal zum Aufmerksamkeits-Wechsel solange sich sein Interesse noch in Grenzen hält. Je höher der Erregungslevel des Hundes ist, je mehr ihn eine Wahrnehmung beschäftigt, umso schwerer fällt es ihm, seine Aufmerksamkeit umzulenken.

Wie lange der Hund mit seiner Konzentration bei Ihnen bleiben kann bzw. die gewünschte Aufgabe ausführt, ist zunächst zweitranig – wichtig ist, dass er den Wechsel hinkriegt. Kann er sich beispielsweise im ruhigen Umfeld bereits 30 Sekunden auf Sie konzentrieren, dann rechnen Sie nun bei leichter Ablenkung

Georgina zögert einen kurzen Moment – welchem Reiz soll sie sich zuwenden: dem Artgenossen oder der Anweisung ihres Menschen?

In diesem Fall ist das Aufmerksamkeits-Signal schon sicher etabliert, die Hündin vertraut der Entscheidung ihres Menschen und geht mit ihm weiter.

damit, dass es vielleicht nur halb so lange gelingt. Loben Sie den Hund also am besten nach 10 Sekunden für seine Zusammenarbeit und geben ihn dann wieder frei. Die Aufmerksamkeits-Dauer wird dann nach und nach gesteigert.

Wahrscheinlich wird sich der Hund Ihnen nicht sofort und konstant zuwenden. Ein Wechsel: Hinschauen – Wegschauen – erneuter Blick zum Objekt der Aufregung ist für viele Vierbeiner normal und auch wichtig. Lassen Sie ihm diesen Orientierungs-Moment. Mit fortschreitendem Training erkennen Sie immer besser, wie lange dieser sein darf, damit sich der Hund mit seiner Wahrnehmung auseinandersetzen kann, sich jedoch nicht hineinsteigert.

Von leicht nach schwer: Trainieren Sie nicht sogleich in ablenkenden Situationen, auch wenn diese das angestrebte Ziel sind.

Machen Sie immer wieder eine Bestandsaufnahme:
Der Ist-Zustand: In welchen Momenten, welchem Umfeld, welchem Gemütszustand kann sich der Hund bereits auf Signal hin Ihnen zuwenden und die Aufmerksamkeit für einige Sekunden halten? Festigen Sie diese Situationen immer wieder, damit Sie beide sicher werden und Erfolgserlebnisse haben.

Wann wird es schwieriger, d.h. Aufmerksamkeit ist zwar möglich, gelingt aber noch nicht zuverlässig? In diesem Bereich arbeiten Sie derzeit, bei Bedarf mit Unterstützung, damit Sie die Bedingungen und Schwierigkeitsstufen stellen können, die Sie beide gerade benötigen.

Welche Punkte nehmen Sie als nächste in Angriff? Sie wählen einen anderen Übungsort mit neuen Gerüchen, Geräuschen oder optischen Wahrnehmungen. Sie nehmen schrittweise die Ablenkungen hinzu, die Ihren Hund besonders beschäftigen, wie bestimmte Personen, Artgenossen, andere Tiere oder Futter bzw. Spielzeug am Rande des Geschehens.

Ob Sie mit dem angeleinten oder freilaufenden Vierbeiner trainieren, hängt von der Aufgabenstellung, der Hundepersönlichkeit und Örtlichkeit ab. Wenn Sie die Leine nutzen (Schleppleine am Geschirr eingehakt), um den Hund zu sichern, darf ein Leinenzug nicht zum unbeabsichtigten Signal werden. Die Leine muss ausreichend Spielraum gewährleisten und Ihr Signal erfolgt immer nur dann, wenn die Leine locker ist.

Der Blickkontakt

Blicke spielen in der Kommunikation von Hunden eine große Rolle: um sich zu verständigen, Verbundenheit zu signalisieren oder die Stimmung des Gegenübers zu ermitteln. Hunde haben ihre Menschen oftmals ganz unauffällig im Blick, beobachten ihre Gestik und Mimik und reagieren darauf. Auch Ihr Hund wird Ihnen ganz sicher über den Tag verteilt, mehrmals einen mehr oder weniger intensiven Blick zuwerfen. Bei den folgenden Übungen geht es nun darum, diesen Blick und damit die Aufmerksamkeit des Hundes auf ein Signal hin zu bekommen.

Hinweis: Blicke können mitunter eine große emotionale Reaktion auslösen. So genügt bei manchem Hund ein kurzer Blickkontakt (evtl. gekoppelt mit auffordernden Gesten), damit er begeistert losstartet und mit seinem Gegenüber Kontakt aufnimmt. Ein anderer Vierbeiner ist schnell irritiert, verunsichert oder fühlt sich bedroht, wenn er etwas länger direkt ange-

schaut wird. Gerade unerfahrene oder mit Menschen nicht sehr vertraute Hunde beurteilen anfangs den Blickkontakt häufig nach Hundemaßstäben. Und dann bedeutet beispielsweise starres Anschauen, in Kombination mit anderen Körpersignalen, eine Drohung. Kopfabwenden und damit auch Unterbrechen des Blickkontakts signalisiert kein Interesse am Gegenüber bzw. die Mitteilung, dem anderen aus dem Weg zu gehen. Auch Spielaufforderungen werden häufig durch Blickkontakte begleitet.

Direkter Blick in Verbindung mit frontaler Annäherung gilt unter Hunden als unhöflich bis bedrohlich. Zur freundlichen, entspannten Kontaktaufnahme nähern sich Hunde eher seitlich und vermeiden dabei direkten Blickkontakt. Hier passt diese Form der Annäherung dennoch, die beiden sind sehr vertraut miteinander.

Übung: »Achte auf mich«

Viele Hundehalter verwenden Schnalz- oder Pfeifgeräusche, um den Vierbeiner auf sich aufmerksam zu machen. Anfangs wird der unbekannte Laut vermutlich auch das Interesse des Vierbeiners wecken. Damit Ihr »Achte-auf-mich-Signal« aber nicht zum Zufallstreffer wird, sondern zum verlässlichen Signal, muss es strukturiert aufgebaut werden.

- Was möchten Sie damit erreichen? Der Hund soll z.B. seinen Fokus erkennbar weg vom Außenreiz und auf Sie richten. Er muss Ihnen dazu nicht direkt in die Augen schauen, aber sein Blick sollte auch nicht nur mal kurz Ihren Hosensaum streifen.
- Wann verwenden Sie ein solches Signal? Beispielsweise dann, wenn Sie kurz die Aufmerksamkeit Ihres Vierbeiners haben möchten oder Ihren – im Prinzip aufmerksamen Vierbeiner – daran erinnern, nicht so weit vor zu laufen oder einem Reiz zu viel Aufmerksamkeit zu schenken.
- Bei Bedarf benötigt der Hund dann noch weitere Anweisung, was er tun soll, nachdem er Sie angeschaut hat.

Übungsaufbau:

Überlegen Sie sich einen bestimmten Aufmerksamkeits-Laut wie Hee, Bss, ein immer gleiches Schnalz- oder Pfeifgeräusch oder ein verbales Signal, welches sich deutlich von anderen Signalen unterscheidet und das Sie, ohne groß nachzudenken, leicht aussprechen können.

Der Hundename eignet sich hierzu nicht besonders. Er wird im täglichen Umgang so oft verwendet, ohne damit eine bestimmte Aufforderung oder Anleitung an den Hund zu verbinden.

Erster Lernschritt:

Bei dieser Aufgabe muss der Hund nicht in Vorleistung treten, d.h. Aufmerksamkeit zeigen, um dafür belohnt zu werden. Er bekommt das Leckerchen, weil Sie das Aufmerksamkeits-Signal gegeben haben.

- Sagen Sie das ausgewählte Signal bzw. machen das entsprechende Geräusch und geben dem Hund sofort danach ein Leckerchen. Bei sehr unsicheren Hunden können Sie bei den ersten Übungen das Futter direkt vor sich auf den Boden fallen lassen.
- Wiederholen Sie diesen Lernschritt innerhalb der nächsten Tage mehrmals, wenn sich der Hund in Ihrer unmittelbaren Nähe befindet und nicht abgelenkt ist. Er lernt, dass das Signal der Vorbote für eine Belohnung ist. Aus dieser Erwartungshaltung heraus, richtet er seine Aufmerksamkeit dann immer schneller auf Sie, sobald Sie das Signal gegeben haben.

Zweiter Lernschritt:

- Überprüfen Sie, ob der Hund bereits eine Verknüpfung hergestellt hat: Geben Sie das Signal, wenn der Hund zwar in Ihrer Nähe ist, aber gerade nicht damit rechnet. Schaut er daraufhin sofort in Ihre Richtung, hat er verstanden, dass das Signal die Ankündigung einer ganz besonderen Belohnung bedeutet.

Weitere Lernschritte:

- Festigen Sie den zügigen Aufmerksamkeits-Wechsel. Verwenden Sie das Aufmerksamkeits-Signal bei einer leichten Ablenkung. Der Hund befindet sich dabei immer noch in Ihrer unmittelbaren Nähe, aber in unterschiedlichen Positionen: direkt neben Ihnen, einen Schritt vor Ihnen oder etwas seitlich versetzt. Belohnen Sie ihn sofort mit großer Freude, wenn er sich Ihnen zuwendet.

- Steigern Sie die Ablenkungen, üben Sie in unterschiedlichen Umgebungen oder wenn sich der Hund etwas weiter von Ihnen entfernt hat. Sollte er nicht mehr prompt reagieren oder sich Ihnen nur teilweise zuwenden, gehen Sie lieber nochmal einen Übungsschritt zurück.

Übung: Direkter Blickkontakt

Legen Sie für sich und Ihren Hund individuell fest, wohin sein Blick genau gehen soll. Direkter Augenkontakt ist mehr für einen kurzen Kontakt gedacht oder für statische Situationen, wenn der Hund neben oder vor Ihnen sitzt. In der Bewegung muss sich vor allem der kleine Hund sehr anstrengen, um Ihnen dabei exakt ins Gesicht zu sehen und auch Sie müssen eine entsprechende Körperhaltung einnehmen, um diesen Blickkontakt aufrechtzuerhalten.

Wenn der Hund den Blickkontakt über einen gewissen Zeitraum halten und dabei in Bewegung bleiben soll, ist es oft ausreichend, wenn er in Richtung Ihres Gesichts schaut. Unsichere Hunde tun sich anfangs leichter, wenn sie keinen direkten Augenkontakt herstellen müssen, sondern »nur« in Richtung Ihres Gesichts/ Oberkörpers schauen sollen. Dies empfiehlt sich auch für den Vierbeiner, für den ein direkter Blickkontakt schnell zur Drohung wird.

Übungsaufbau:
Am einfachsten ist es, wenn Ihr Hund von sich aus öfters Blickkontakt mit Ihnen aufnimmt. Loben und belohnen Sie ihn dann jedes Mal dafür. Im nächsten Schritt etablieren Sie das dafür vorgesehene Signal. Geben Sie es genau in dem Moment, in welchem der Hund seinen Blick deutlich erkennbar auf Sie richtet und loben ihn anschließend dafür.

Beim nicht so motivierten Hund können Sie wie folgt vorgehen:
Wählen Sie für die ersten Übungsschritte einen geschlossenen Raum ohne große Ablenkung. Dadurch vermeiden Sie, dass der Hund mehr Interesse an der Umwelt als an Ihnen zeigt oder das Üben selbstständig abbricht. Für einige Kleinhunde ist es einfacher, wenn Sie anfangs auf deren Höhe sind, in dem Sie in die Hocke gehen oder sich auf den Boden setzen.

Erster Lernschritt: Anschauen fördern
- Nehmen Sie ein Leckerchen in die Hand und halten Sie diese etwas von sich weg. Falls Ihr Hund kein Interesse an Leckerchen hat, können Sie auch ein kleines Spielzeug nehmen. Vermutlich wird der Hund erst einmal Ihre Hand fixieren oder versuchen, das Leckerchen zu bekommen. Halten Sie die Hand ruhig, geben Sie keine weiteren Anweisungen, warten Sie einfach ab.
- Die meisten Hunde suchen nach kurzer Zeit den Blickkontakt mit ihrem Menschen. Loben Sie Ihren Hund sofort dafür und geben ihm ein Leckerchen oder das Spielzeug.
- Manche Vierbeiner sind hier allerdings wie blockiert. Sie starren auf Ihre Hand, der Speichel tropft, und kommen nicht auf die Idee, einen Blickkontakt anzubieten. Helfen Sie ein wenig nach, indem Sie einen leisen Laut von sich geben. Wahrscheinlich wird der Hund daraufhin zu Ihnen schauen, diesen Moment loben und belohnen Sie sofort.

Sollte er sehr aufgeregt werden oder an Ihnen hochspringen, um an das Leckerchen zu gelangen, brechen Sie die Aufgabe besser ab. Geben Sie dem Hund die Möglichkeit, sich zu beruhigen und versuchen Sie es dann erneut.

Zweiter Lernschritt: Signal hinzufügen

- Die meisten Hunde lernen sehr rasch, dass Blickkontakt eine Möglichkeit ist, um belohnt zu werden. Jetzt ist der Zeitpunkt gekommen, an dem Sie das Anschauen mit einem Signal z.B. SCHAU verbinden. Geben Sie es in dem Moment, in welchem der Hund Blickkontakt mit Ihnen aufnimmt.
- Nach einigen Wiederholungen überprüfen Sie, ob das Signal bereits eine Bedeutung hat für den Hund. Sagen Sie nun zuerst das Signal für den Blickkontakt und loben Sie ihn sofort, wenn er Sie daraufhin anschaut.

Im Alltag reicht es in der Regel, wenn der Hund auf Aufforderung die Aufmerksamkeit auf seinen Menschen richtet und so lange beibehält, bis er das Signal erhält, sich wieder seinen Belangen zuzuwenden.

Gehen mit gegenseitigem Augenkontakt ist anstrengend und erfordert hohe Konzentration von Hund und Mensch und kann deshalb nur über kurze Zeitdauer gezeigt werden.

Weitere Lernschritte: Anforderungen steigern

- In weiteren Lernschritten lernt der Hund, seine Aufmerksamkeit immer länger auf Sie zu richten. Dazu wird die Zeitspanne zwischen Blickkontaktaufnehmen und Belohnunggeben im Sekundentakt gesteigert. Schätzen Sie dabei die Konzentrationsfähigkeit Ihres Hundes realistisch ein.
- Üben Sie das Anschauen und Blickkontakthalten während des Gehens und wenn der Hund neben Ihnen steht oder sitzt. Verlagern Sie das Training an andere Orte, zunächst ohne bzw. nur geringer Ablenkung und später, wenn etwas Interessantes ins Blickfeld gerät.

Übung: Nachfragen

Beobachten Sie einmal verstärkt Situationen, in denen der Hund etwas möchte, aber beispielsweise durch die Leine davon abgehalten wird oder noch zögert, diesem Impuls nachzugeben, weil er unsicher ist oder bereits die Erfahrung gemacht habt, dass Sie hier mitentscheiden werden: zum Wasser, dem Artgenossen rennen, auf die Couch springen o.Ä. Häufig schaut er dabei immer mal wieder in Ihre Richtung, vielleicht nur kurz oder streift Sie nur aus den Augenwinkeln. Registrieren Sie diesen Blick, denn es ist genau das, was Sie wollen: Ihr Hund wendet sich Ihnen zu, obwohl sein eigentliches Interesse etwas anderem gilt. Reagieren Sie umgehend darauf:

- Darf der Hund seinem Wunsch nachgehen: loben Sie ihn für sein Nachfragen und erlauben ihm dann, das Gewünschte zu tun.
- Ist die anvisierte Aktion nicht in Ihrem Sinne: loben Sie ihn für sein Nachfragen genauso deutlich und geben ihm anschließend eine Alternative dazu.

Übungsaufbau:
Wenn Sie das Nachfragen gezielter üben möchten, schaffen Sie eine Ausgangslage, in der Ihr Hund mit großer Wahrscheinlichkeit nachfragen wird. Hindern Sie ihn beispielsweise mit der Leine daran, zum Artgenossen zu gehen oder ein Spielzeug zu nehmen, das ein Stück weit entfernt auf dem Boden liegt. Wählen Sie anfangs nur Situationen, in denen der Hund das von ihm Gewünschte anschließend auch ausführen darf.

Der Interessenskonflikt sollte nicht zu groß sein, damit für den Hund ein Fokuswechsel noch machbar ist. Gelingt dies nicht, entsteht Frust auf beiden Seiten und oftmals ein unschönes Leinengezerre. Außerdem lässt man sich dann gerne mal dazu verleiten, mit Leckerli oder allerlei Schnalz- und Raschelgeräuschen die Aufmerksamkeit des Hundes doch noch zu bekommen.

- Halten Sie zunächst einen großen Abstand zum interessanten Reiz bzw. nützen Sie eine Aktion, die der Hund zwar gerne machen würde, ihn aber nicht völlig aus dem Häuschen bringt.
- Warten Sie ruhig ab, bis sich der Hund Ihnen zuwendet. Dafür wird er natürlich gelobt und erhält direkt anschließend die Erlaubnis.
- Nur, wenn der Hund das Nachfragen aus eigenem Antrieb einfach nicht hinbekommt, könnten Sie ihn mit dem Signal SCHAU oder Ihrem Achte-auf-mich-Signal unterstützen. Während sein Fokus z.B. auf das Spielzeug

Blicke sind aktive Kommunikation: durch ein kurzes Blinzeln, einen fragenden Blick oder intensives Anschauen werden Informationen ausgetauscht. Georgina fragt, wann es denn nun endlich weitergeht mit Apportieren.

gerichtet ist, geben Sie das Aufmerksamkeits-Signal. Wendet der Hund daraufhin seinen Blick davon weg und deutlich auf Sie, wird er natürlich direkt dafür gelobt und darf anschließend zum Spielzeug rennen.

Besser ist es jedoch, wenn Sie die Aufgabe weniger schwierig gestalten und das Nachfragen festigen, indem Sie es in vielen kleinen Alltagsmomenten bemerken und beantworten.

Übung: Ja/Nein – Verständigung durch kleinste Signale

Es ist schön und vermittelt ein Gefühl der Zusammengehörigkeit, wenn ein Blick, eine kleine Kopf- oder Handbewegung genügt und der andere weiß, was gemeint ist. Beim Nachfragen lässt sich dies ohne großen Aufwand bewusst üben. Das Ziel könnte beispielsweise sein, nur mit einer Kopf- oder Handbewegung etwas zu erlauben oder zu verweigern.

So können Sie dabei vorgehen:

• Immer wenn Sie Nein sagen, etwas verwehren, spannen Sie Ihren Körper ein wenig an (ohne bedrohlich zu werden), schütteln leicht den Kopf oder machen eine ruhige, abwehrende Handbewegung.
Der Hund wird Ihr verbales Nein zusammen mit Ihrer Körperbewegung wahrnehmen und abspeichern. Reduzieren Sie Ihre verbalen Signale bzw. das Zurückhalten des Hundes immer mehr, bis nur noch Ihre Kopf- oder Handbewegung ausreicht.
• Wenn Sie ihm etwas erlauben, erfolgt gleichzeitig zu Ihrem JA das entsprechende Körpersignal: Sie entspannen sich, nicken mit dem Kopf oder machen eine einladende Handbewegung und geben den Weg frei.

Nach einiger Zeit kann Ihre Körperbewegung zum alleinigen Erlaubnis-Signal werden.

Nachfolgen

Ideal wäre es, wenn Nachfolgen ganz selbstverständlich ein Teil Ihres Spaziergangs sein könnte. Stellen Sie sich vor: Ihr Hund begleitet Sie ohne Leine in einem wenig frequentierten Gelände, in welchem er weder sich noch andere gefährden kann. Entfernt er sich dabei etwas von Ihnen oder trödelt herum, brauchen Sie nicht gleich besorgt zu sein oder ihn mit Anweisungen oder Locken wieder in Ihre Nähe bringen. Im Gegenteil – Sie können ruhig und souverän weitergehen und ihm damit signalisieren, dass es auch ein Stück weit seine Aufgabe ist, den Anschluss an Sie zu halten.

Solche Idealbedingungen sind jedoch nicht immer vorhanden. Vielerorts herrscht Leinenpflicht und in einem unübersichtlichen oder ablenkungsreichen Gelände werden Sie häufig von sich aus auf die Leine zurückgreifen. Vor allem dann, wenn der Hund noch nicht sehr vertraut mit Ihnen ist oder sich gerade in einer sensiblen Lernphase befindet. Mit einem ängstlichen, jagdlich ambitionierten oder schnell aggressiv reagierenden Vierbeiner ist das freie, unbekümmerte Gehen ebenfalls nicht machbar.

Dennoch ist Nachfolgen eine wertvolle Übung für Hund und Mensch. Auch wenn einige Teams dies nur im abgesicherten Modus trainieren können: mit langer Leine oder im geschützten Umfeld.

Hinweis: Wer orientiert sich an wem? Diese Frage stellt sich bei so manchem Spaziergang. Wie sehr bemüht sich der Hund von sich aus, den Anschluss an Sie nicht zu verlieren? Wie häufig ist das gar nicht nötig, weil Sie sich nach ihm richten: Sie bleiben stehen, wenn er langsamer wird und schnüffeln möchte, werden schneller, wenn er droht, um die Ecke zu verschwinden, oder schauen beständig darauf, was er gerade so macht?

Es ist in Ordnung, auf den Hund zu achten und wichtig, ihm einen interessanten oder entspannenden Spaziergang zu ermöglichen. Wenn Sie aber möchten, dass sich der Hund verstärkt an Ihnen orientiert, sollten Sie nicht »nur« der nette Begleiter sein, sondern auch Impulsgeber, souveränes Vorbild und Sicherheitsanker.

Übung: Ihre Körpersprache

Versuchen Sie das auszudrücken, was Sie Ihrem Hund signalisieren möchten: Komm mit mir, ich weiß, wohin wir gehen, und ich bin entschlossen, das zu tun. Evtl. spielen Sie das erst einmal in Gedanken oder ohne Hund durch, um auszuprobieren, was zu Ihnen passt. Wenn es aufgesetzt und wie angelernt wirkt, wird es Ihnen der Hund nicht abnehmen und wenn Sie sich dabei unwohl fühlen, werden Sie es nicht lange durchhalten. Körperhaltung, Gestik und Gehtempo sollen souverän und einladend, aber nicht hektisch oder einschüchternd wirken.

Zielstrebiges Gehen

Wenden Sie sich mit Ihrem gesamten Körper und Ihrem Blick der Richtung zu, in die Sie gehen möchten. Das mit dem Blick ist anfangs gar nicht so einfach, denn mit großer Wahrscheinlichkeit geht er viel zu häufig in die Richtung des abgelenkten Hundes und damit wird sein Fokus auch zu Ihrem.

Behalten Sie **Ihr Ziel** vor Augen. Stellen Sie sich vor, dass Sie dringend zu einer bestimmten Wegbiegung/Parkbank gehen müssen, weil Sie dort Ihren Schlüssel verloren haben. Vielleicht haben Sie in einer kritischen Alltagssituation schon einmal die Erfahrung gemacht: Wenn Sie selbst völlig konzentriert auf Ihr Tun sind und auch gar nicht in Frage stellen, ob der Hund jetzt nachfolgt oder nicht, achtet er »erstaunlicherweise« viel besser auf Sie. Versuchen Sie diese innere Haltung und Fokussierung aufzubringen, um dem Hund Ihre Zielstrebigkeit zu signalisieren.

Richtungsweisende Gesten

Hunde sind sehr gute Beobachter und registrieren selbst kleine Gesten. Bei einem unsicheren oder wenig am Menschen orientierten Vierbeiner fällt der Blickkontakt allerdings oft nur kurz aus. Dennoch nimmt er Ihre Haltung und Gestik als Gesamtausdruck wahr.

Versuchen Sie einmal kleine, richtungsweisende Gesten in die Verständigung mit einzubauen. Am besten funktionieren die Signale, welche Sie – häufig auch unbewusst – als Ergänzung zum gesprochenen Wort ausführen. Der Hund lernt recht schnell, diese Zeichen mit zu beachten und ihre Bedeutung zu verstehen, besonders dann, wenn sie immer gleich bleiben.

Nonverbale Signale, an denen sich Hunde gut orientieren können, sind z.B.
- Richtungswechsel. Wenn Sie unvermittelt und zügig die Richtung wechseln, können viele Hunde gar nicht anders als nachfolgen, denn Tempo und Zielstrebigkeit sind fast unwiderstehlich.

- Sie zeigen mit der Hand oder einer Armbewegung in die Richtung, in die es gehen soll.
- Einladende Gesten, wie an Ihr Bein klopfen (siehe Übung Anklopfen) oder einfach eine entsprechende Handbewegung: Strecken Sie Ihre offene Hand leicht dem Hund entgegen, dann bewegen Sie diese wieder zu sich heran, dabei öffnen und schließen Sie Ihre Finger – Sie ziehen ihn sozusagen zu sich heran, ohne ihn anzufassen.

Auf einem Spaziergang werden Sie nicht ständig sehr fokussiert gehen, sondern auch vor sich hinschlendern und Ihren Gedanken nachhängen.

Beobachten Sie, was Ihr Fokus-Wechsel mit Ihrem Hund macht – wendet auch er sich dann wieder seinen eigenen Interessen zu? Probieren Sie aus, wie deutlich sich Ihre Haltung verändern muss, damit der Hund wieder auf Sie aufmerksam wird.

Übung: Kontakt halten

Bei dieser Übung lernt der Hund Sie zu begleiten, ohne dass Sie ständig auf ihn einwirken. Es ist nicht erforderlich, dass er ununterbrochen dicht bei Ihnen ist, er kann durchaus schnüffeln, etwas zurückbleiben oder vorauslaufen, soll sich aber an Ihnen orientieren und evtl. auch immer wieder Kontakt aufnehmen.

Nachfolgen üben in sicherem Umfeld: Hier können Sie entspannt, aber zielstrebig Ihren Weg gehen und auch einmal abwarten, bis der Hund wieder zu Ihnen aufschließt.

Wenn Sie dies im Freilauf üben können, geraten Sie nicht in Versuchung, mit der Leine zu manipulieren und es kommt zu keinen Verletzungen (für Hund und Mensch) durch einen »voll Speed« in die Leine rennenden Vierbeiner. Benötigen Sie eine lange Leine, sollte das Gelände möglichst wenig Bewuchs aufweisen, damit Sie nicht ständig Leine und Büsche entwirren müssen. Gewöhnen Sie sich und Ihren Hund bei Bedarf zunächst an den Umgang mit der nachschleppenden Leine, ehe Sie die Übung beginnen.

Übungsaufbau:
Erste Lernschritte finden in einem Gelände mit wenig Ablenkung statt bzw. mit Reizen, die dem Hund bereits vertraut sind. Wenn er vom Umfeld so abgelenkt ist, dass er Ihr Gehen nicht mitbekommt, kann er auch nicht darauf reagieren.

- Gehen Sie zügig und zielstrebig in eine bestimmte Richtung, ohne dabei dem Hund eine verbale Aufforderung zum Nachfolgen zu geben. Bei einer Aufforderung zum Mitkommen sind Sie zwar vermutlich auf der sicheren Seite, wenn Sie jedoch möchten, dass er von sich aus mehr auf Sie achtet, sollten Sie sich hier erst einmal zurückhalten.
- Folgt der Hund nach, loben Sie ihn verbal und gehen noch einige wenige Meter weiter. Wenn er weiter mitläuft, dürfen Sie ihm gerne auch zum Lob noch ein Leckerchen geben.

Vermutlich gelingt das Nachfolgen nicht so problemlos und der Hund nutzt den Freiraum dazu, das Gelände zu erkunden oder hinterher zu trödeln. Das ist für diesen Moment völlig in Ordnung, Sie haben ihm ja keinen konkreten Auftrag gegeben.

- Bewahren Sie Ruhe, greifen Sie nicht gleich in die Tasche, um Leckerchen oder Spielzeug hervorzuholen. Sonst belohnen Sie seine Unaufmerksamkeit mit Ihren Bemühungen und der Hund hat die Wahl, darauf zu reagieren oder auch nicht.
- Setzen Sie Ihren Weg fort. Wird dabei die Entfernung allzu groß, bleiben Sie stehen, dabei zeigt Ihr Körper immer noch in die Richtung, in die Sie wollen. Strafft sich beim angeleinten Vierbeiner dadurch die Leine, zerren Sie nicht daran, halten Sie einfach ruhig dagegen.
- Überholt Sie der Vierbeiner und läuft weit voraus, wenden Sie und gehen in die entgegengesetzte Richtung.
- Loben und belohnen Sie anfangs jede noch so kleine, vom Hund selbst angebotene Aufmerksamkeit in Ihre Richtung: er schaut sich nach Ihnen um, läuft in Ihre Richtung oder ändert sein Lauftempo, um sich Ihnen anzupassen.
- Ein unsicherer, Ihnen gegenüber noch etwas scheuer Hund hat evtl. Hemmungen, schnell zu Ihnen aufzuschließen oder dicht heranzukommen. Machen Sie es ihm leicht: Schauen Sie ihn nicht direkt an, schreiten Sie nicht allzu forsch voran, reichen Sie ihm das Belohnungs-Leckerchen eher beiläufig seitlich aus der Hand oder lassen Sie es neben sich auf den Boden fallen.

Manche Vierbeiner benötigen neben Lob und Belohnung noch etwas mehr Unterstützung. Geben Sie diese Hilfe, ohne dabei in die »Bemühungs-Falle« zu tappen

- Sprechen Sie den Hund kurz an, ohne ihm ein gezieltes Signal für das Mitkommen zu geben und gehen Sie die ersten Schritte in schnellerem Tempo.

- Wechseln Sie häufiger die Richtung (jedoch nicht direkt frontal auf den Hund zu) oder rennen Sie ein paar Meter, ohne dabei hektisch über die Wiese zu kurven. Ihre Körpersprache drückt nach wie vor viel Zielstrebigkeit aus.
- »Interessieren« Sie sich für die Natur: Untersuchen Sie den Erdboden, die Blätter am Baum oder rascheln im Laub. Wenn Sie sich dabei vom Hund abwenden und völlig »vertieft« in Ihr Tun sind, ermöglicht das auch dem unsicheren Hund eine vorsichtige Annäherung, andere kommen aus reiner Neugier heran.
- Evtl. können Sie ihm beim Losgehen erkennbar zeigen, dass Sie Leckerchen dabeihaben. Locken Sie ihn keinesfalls damit – Sie schaffen nur gute Bedingungen, Ihr Hund muss den ersten Schritt machen und kann die Belohnung bekommen, wenn er sich dazu entschließt, Ihnen nachzufolgen.

Notanker-Übung: Schnelles Abwenden bzw. Umkehren

Der Hund lernt, sich mit seinem ganzen Körper rasch von einem Reiz abzuwenden und den Kontakt zu Ihnen zu suchen. So können Sie ihn schnellstmöglich aus einer Gefahrensituation lenken, ein Zusammentreffen verhindern oder vermeiden, dass er sich weiter in eine Wahrnehmung hineinsteigert.

Als Signal eignet sich z.B. KEHRT oder WENDEN. Um den Hund noch aufmerksamer zu machen, können Sie seinen Namen voranstellen.

Körpersprache und Tempo: Für dieses Team passt ein kurzes Wettrennen, bei dem auch ein augenblickliches KEHRT geübt werden kann. Georgina hat Spaß daran, ihren Menschen unverzüglich wieder einzuholen.

Übungsaufbau:

- Gehen Sie mit dem Vierbeiner über ein möglichst ablenkungsarmes Gelände. Wenn er sich neben Ihnen oder höchstens wenige Schritte entfernt befindet, sagen Sie deutlich seinen Namen und rufen das Umkehr-Signal. Gleichzeitig wenden Sie und gehen rasch ein oder zwei Schritte in die entgegengesetzte Richtung. Bereits während der Wendung oder spätestes direkt danach, präsentieren Sie ihm einen besonderen Leckerbissen oder ein beliebtes Spielzeug.
- Wiederholen Sie das Abwenden noch zwei oder drei Mal direkt hintereinander und festigen Sie es in den folgenden Tagen, bis der Hund die Verknüpfung gelernt hat: Immer wenn das entsprechende Signal ertönt und Sie sich abwenden, gibt es etwas ganz besonders Leckeres.
- Trainieren Sie hier ruhig mit einer gewissen Dynamik: Begleiten Sie das Umkehrsignal mit auffordernden Gesten, betontem Umwenden oder rennen Sie die ersten Schritte in die neue Richtung. Probieren Sie aus, wie viel Action Ihr Hund verträgt. Er soll begeistert auf ihre Aufforderung reagieren, aber nicht außer Kontrolle geraten.
- Steigern Sie die Ablenkungen schrittweise, üben Sie das rasche Umwenden beispielsweise ehe der Hund beim Komposthaufen angekommen ist oder eine ballspielende Person erreicht hat.
- Wenn Sie das Signal dann in Alltagssituationen nutzen, ist es meist erforderlich, dass der Hund nach dem Umwenden noch einige Schritte mit Ihnen weitergeht. Dazu unterstützen Sie ihn durch Führen mit der Hand, der Blickkontakt-Übung oder evtl. auch Futter-Schlecken.

Körperkontakt

Diese Aufmerksamkeits-Übungen basieren darauf, dass der Hund sehr gezielt Körperkontakt mit dem Menschen aufnimmt und mit Hilfe von Handsignalen gelenkt wird. Vielleicht kennen Sie diese gesteuerten Kontaktaufnahmen bereits vom Target (=Ziel)-Training, bei dem den Hund lernt, mit einem Körperteil ein bestimmtes Ziel, einen Gegenstand oder ein Körperteil des Menschen, zu berühren. Der Hund konzentriert sich auf die Aufgabe, er ist dadurch gedanklich und körperlich ganz bei Ihnen und kann so auch über einen gewissen Zeitraum geführt werden. Manchen Hunden gibt es viel Sicherheit, wenn sie in unmittelbarer Nähe eines Partners gehen können, dem sie vertrauen und der weiß, wohin es geht.

Hinweis: Bei diesen Aufgaben ist Körperkontakt erwünscht, der Hund soll Sie dabei jedoch möglichst nicht bedrängen oder anrempeln. Je höher allerdings der Erregungslevel ist, umso stärker neigen manche Hunde zu überschießenden Reaktionen. Wenn Ihr Vierbeiner sonst eher sanft unterwegs ist, kann das Schnappen nach dem Leckerchen, ein bedrängendes Anlehnen oder Hochspringen auch ein Zeichen dafür sein, wie stressig und anstrengend die Situation gerade für ihn ist.

Im Alltag können Sie die Erregung nicht komplett steuern, beim Üben hilft jedoch eine entspannte Stimmung, damit der Hund erst gar nicht in einen hohen Erregungszustand gerät. Festigen Sie die zügige, aber ruhige Kontaktaufnahme zunächst nur auf kurze Distanz. Je länger die Strecke ist, die der Hund herbeikommen muss, umso mehr Dynamik entwickeln manche Hundepersönlichkeiten.

Ein enges Nebeneinander gehen evtl. sogar verbunden mit direktem Körperkontakt, wie wir es beim Führen mit der Hand haben, ist Hunden nicht fremd. Gut miteinander befreundete Tiere bewegen sich immer mal wieder dicht nebeneinander bzw. berühren sich dabei.

Wenn Ihr Hund sehr sensibel auf Berührungen und körperliche Nähe reagiert oder generell unsicher ist beim Körperkontakt mit Ihnen, sollten Sie bei diesen Übungen sehr behutsam vorgehen. Verwenden Sie sie erst dann, wenn der Hund sich in Ihrer unmittelbaren Nähe wohlfühlt und Ihnen vertraut.

Übung: Führen mit der Hand

In der Regel bewegt sich der Hund in die Richtung, in die seine Nase hinzeigt. Deshalb eignet sich die Aufgabe hervorragend, um ihn an einer Problemsituation vorbei zu lenken. Er kann dabei an Ihrer rechten oder linken Körperseite

geführt werden und gewinnt so noch mehr Abstand zur aufregenden Situation.

Führen mit der Hand unterstützt den Hund in einem Gelände, das er nur zögernd betreten mag, wie eine Brücke, unbekannte Bodenbeschaffenheit, bestimmte Türen oder ein Aufzug. Es hilft dabei, ihn in einer bestimmten Art und Weise zu platzieren, beispielsweise bei Ausstellungen oder tierärztlichen Untersuchungen. Für aufgeregte, unsichere Hunde ist der Kontakt mit Ihrer Hand häufig auch ein Signal dafür, dass sie beide zusammengehören und ganz selbstverständlich und entspannt den Weg gemeinsam gehen.

Welche Bedingungen brauchen Sie und Ihr Hund für eine ruhige und dennoch freudige und schnelle Kontaktaufnahme? Farinja hilft ein reizarmes Umfeld, eine ausgeglichene Stimmung und freundliche, gezielte Anweisungen ohne große Gesten.

Signal ist Ihre Handhaltung z.B. flache Handfläche oder Faust mit einem ausgestreckten Finger, der als Zeiger fungiert, und ein verbales Signal z.B. TOUCH.

Für einen kleinen Hund ist ein Stab o.ä. ganz nützlich, dessen Ende er mit seiner Schnauze berührt, damit Sie sich nicht bücken oder über ihn beugen müssen. Wenn Sie dabei die Hand so halten, dass der ausgestreckte Zeigefinger nach unten zeigt, reicht später oft auch nur Ihr Fingerzeig aus.

Übungsaufbau: Das Zielobjekt, die Hand berühren
Die Aktion muss vom Hund ausgehen, drängen Sie ihm Ihre Hand nicht auf. Um das Interesse an Ihrer Hand zu steigern, können Sie beim Hinhalten die Finger bewegen, die Hand straffen oder auch ein Leckerchen halten. Nehmen Sie hierfür nicht gerade das Lieblingsfutter, sonst ist der Hund nur damit beschäftigt, das Leckerchen zu bekommen und konzentriert sich nicht auf die eigentliche Aufgabe. Notfalls reiben Sie sich für die ersten Trainingsschritte die Hand mit etwas Wurst oder Käse ein, das motiviert ebenfalls.

Erster Lernschritt: Neugierde des Hundes wecken
● Halten Sie Ihre Hand mit etwas Abstand so vor ihn, dass er sich nur ein klein wenig bewegen muss, um sie mit der Nase zu erreichen. In dem Moment, in dem er neugierig daran schnuppert und sie berührt, wird er sofort für dieses Interesse gelobt und bekommt anschließend eine Belohnung.
● Wiederholen Sie dies zwei oder drei Mal hintereinander und ebenso in den nächsten Tagen. Arbeitet der Hund gut mit, können Sie bereits in diesem Lernschritt abwechselnd einmal Ihre rechte oder linke Hand präsentieren.

Zweiter Lernschritt: Signal hinzufügen
● Berührt der Hund regelmäßig mit seiner Nase Ihre Hand, sobald Sie diese präsentieren, fügen Sie im Moment der Berührung ein verbales Signal hinzu und belohnen ihn weiterhin sofort. Nach mehreren Wiederholungen verknüpft der Hund, dass Signal und Nase an Hand zusammengehören.
● Als nächstes sagen Sie zuerst das Wort, dabei halten Sie Ihre Hand gut erkennbar vor den Hund. Wenn er sie darauf hin anstupst, wird er natürlich gelobt.

Von außen ist meist nicht zu erkennen, welch gute Unterstützung »Führen mit der Hand« sein kann. Auch bei Irony und ihrem Menschen schaut es völlig entspannt und unspektakulär aus.

- Achten Sie darauf, dass der Hund auch wirklich Ihre Hand berührt und sie nicht nur nachlässig streift. Belohnen Sie immer nur die deutliche Kontaktaufnahme.

Weitere Lernschritte: Anforderungen steigern
- Steigern Sie die Entfernung, die der Hund zurücklegen muss, um Ihre Hand zu erreichen. Zu Beginn braucht er dazu nur den Hals zu strecken, dann soll er sich geringfügig umwenden, einen Schritt gehen, später steht er mal vor, mal neben oder hinter Ihnen.
- Trainieren Sie das bisher Gelernte in unterschiedlicher Umgebung, fügen Sie nach und nach Ablenkungen hinzu, bis Sie schließlich bei den Bedingungen angekommen sind, unter denen Sie diese Aufmerksamkeits-Aufgabe einsetzen möchten. Sparen Sie nicht mit Lob, besonders, wenn eine schwierigere Ablenkung hinzukommt.

Übungsaufbau: Führen
Nun lernt der Hund, mit seiner Nase an Ihrer Hand »anzudocken« und sich so einige Meter führen zu lassen. Anfangs sollte er dabei ständig direkten Körperkontakt halten, wenn das Führen sicher etabliert ist, muss dies nicht unbedingt ununterbrochen gegeben sein. Er sollte seinen Fokus jedoch weiterhin deutlich auf Ihre Hand richten und ihr mit der Nase folgen.
- Es ist für Sie beide etwas einfacher, wenn die ersten Lernschritte ohne Leine absolviert werden können. Wird der Hund angeleint geführt, geben Sie z.B. mit der linken Hand den Weg vor (wenn der Hund links neben Ihnen geht), die Leine halten Sie rechts.
- Der Hund berührt auf Signal Ihre Hand und Sie bewegen sich nur ein oder zwei Schritte. Bleibt er dabei mit seiner Nase an Ihrer Hand, folgt ein großes Lob.

- Verlängern Sie die Strecke, ändern Sie die Laufrichtung (anfangs sind Bögen leichter zu gehen als abrupte Wendungen), variieren Sie das Tempo, führen Sie den Hund an einer leichten Ablenkung vorbei.
- Erst wenn dies gelingt, üben Sie den Aufmerksamkeits-Wechsel, d.h. Ihr Hund nimmt eine Ablenkung wahr oder ist bereits ein wenig aufgeregt, Sie geben das Signal, er dockt an und Sie führen ihn dann mit der Hand aus dieser Situation.

Übung: Anklopfen
Viele Hundehalter klopfen mit der Hand an ihr Bein, um den Hund aufmerksam zu machen oder zum schnellen Herbeikommen zu animieren. Damit eine solche Geste auch wirklich zum Aufmerksamkeits-Signal wird, muss sie klar erkennbar sein, jedes Mal gleich ausfallen und Sie selbst wissen, was Sie damit erreichen möchten.

Variante 1: Soll der Hund durch das Ankopfen nur aufmerksam werden und evtl. etwas näher herankommen, reicht es, wenn Sie ihn jedes Mal dafür loben, sobald er sich wie gewünscht verhält.
- Anfangs reicht ein kurzer Blick in Ihre Richtung, dann loben Sie, wenn das Hinwenden zu Ihnen etwas deutlicher ausfällt: Der Hund dreht sich in Ihre Richtung, kommt ein paar Schritte auf Sie zu, bis Sie beim gewünschten Verhalten angekommen sind.

Diese Variante ist häufig auch ängstlichen oder scheuen Hunden möglich, weil sie nicht dicht zu Ihnen herankommen müssen.

Variante 2: Wenn Sie möchten, dass der Hund dicht zu Ihnen kommt und eine bestimmte Position einnimmt, üben Sie zunächst die dazu notwenigen Einzelschritte:

- Festigen Sie die gewünschte Position, wie beispielsweise mit Körperkontakt neben Ihnen stehen, sitzen oder gehen.
- Trainieren Sie Aufmerksam-Werden auf das Anklopf-Signal hin, bis der Hund dabei ganz zu Ihnen herankommt.
- Erst dann fügen Sie die Teile zusammen, indem Sie dem Hund nach dem Herankommen die Anweisung für die gewünschte Position geben.

Notanker-Übung: Futter schlecken

Auch diese Anker-Übung dient dazu, den Hund in einer kritischen Situation völlig auf Sie zu konzentrieren. Sein Interesse gilt dabei allerdings weniger Ihnen selbst, sondern richtet sich auf das präsentierte Futter. Das Futter-Schlecken nimmt ihn dermaßen in Anspruch und er fühlt sich dabei so wohl, dass alles andere um ihn herum unwichtig wird.

Signal dafür, sich der Futterhand zuzuwenden, könnte z.B. SCHLECK sein.

Sie brauchen ein Futter, das beim Hund hoch im Kurs steht. Wenn Sie das Futter in der Hand halten möchten, empfehlen sich Kaustreifen oder ein Stück Wurst bzw. Käse. Gut geeignet sind Futtertuben, die Sie individuell befüllen können. Probieren Sie aus, welches Futter sich gut einfüllen und ausdrücken lässt.

Übungsaufbau:

- Nehmen Sie die Futter-Tube bzw. umschließen Sie ein Stück Wurst, Käse, Kaustreifen fest mit der Hand. Zeigen Sie dem Hund die Wurstfaust, ermutigen Sie ihn mit einem Signal, sich das Futter zu nehmen, und lassen Sie ihn kontinuierlich daran schlecken. Wird der Hund dabei zu hektisch und beginnt zu zwicken oder an Ihnen hochzuspringen, brechen Sie ab. Ursache dafür könnte zu leckeres Futter sein, zu animierende Bewegungen Ihrerseits oder zu große Anspannung insgesamt. Starten Sie erneut, unter passenderen Bedingungen, bis der Hund ruhig, aber intensiv am Futter leckt.
- Hat der Hund das Prinzip begriffen, versuchen Sie es in der Bewegung. Dabei gehen Sie am besten die ersten Schritte rückwärts, der Hund muss Ihnen beim Schlecken nur ein paar Zentimeter nachfolgen. Bleibt er auch jetzt konzentriert dabei, wenden Sie, zunächst vielleicht nur um 90 Grad, und nehmen den Hund sozusagen in der Bewegung mit, bis Sie ganz normal geradeaus gehen können.
- Wenn dies gelingt, steigern Sie die Anforderungen, in dem Sie schneller gehen, die Strecke verlängern, Ablenkungen einbauen oder den einige Meter von Ihnen entfernten Hund zur Kontaktaufnahme und zum Futter-Schlecken auffordern.

Zusammenarbeit und Konzentration steigern

In diesem Kapitel möchte ich Ihnen hierzu ganz unterschiedliche Möglichkeiten vorstellen.

Im Grunde kann jede gemeinsame Unternehmung die Aufmerksamkeit aufeinander festigen.

Sehen Sie meine Vorschläge deshalb als Anregungen, mit denen Sie sich dann gerne eingehender beschäftigen, als es im Rahmen dieses Buches möglich ist. Wählen Sie Aktivitäten, die zu Ihnen passen und den Bedürfnissen Ihres Hundes entgegenkommen. Es fällt ihm deutlich leichter, sich auf etwas zu konzentrieren, für das er Interesse und Begeisterung aufbringt und es ist einfacher, aufeinander zu achten, wenn Hund und Mensch Freude an der Tätigkeit empfinden.

Wandern – gemeinsame Erlebnisse verbinden

Vielleicht haben Sie nicht erwartet, an erster Stelle eine Empfehlung zum Wandern zu bekommen. Gemeinsam unterwegs zu sein ist jedoch eine der einfachsten Möglichkeiten, um das Zusammengehörigkeitsgefühl zu stärken.

Wandern bedeutet meist einen Szenenwechsel – weg von den üblichen Spazierwegen, auf denen Hund und Mensch schon fast gelangweilt unterwegs sind oder sich bereits Frust aufgebaut hat, weil der Hund so vieles interessanter findet, als seinen Menschen. Auf Ihren Wandertouren sind Sie ganz selbstverständlich miteinander unterwegs und das, was zu tun ist, ergibt sich aus der Situation. Sie erkunden ein neues Umfeld, bewältigen gemeinsam die eine oder andere Herausforderung, rasten müde nebeneinander und teilen sich die letzte Banane.

Es muss ja nicht gleich eine Berg- oder Tagestour sein, auch ein längerer Spaziergang in unbekanntem Gebiet gibt neue Impulse. Manche Teams bevorzugen eher die Einsamkeit, andere stört es nicht, wenn die Strecke durch belebtere Gebiete führt. Wenn es Ihrem Hund Spaß macht, im Wasser zu planschen oder einen Sprint einzulegen, geht das am besten in einem Umfeld, in dem er ohne Leine laufen kann (beachten Sie die jeweiligen Bestimmungen zur Leinenpflicht oder zum Betreten der Naturschutzgebiete). Freut er sich über eine Beschäftigung zwischendurch, dann planen Sie Stellen ein, an denen dies möglich ist.

Aufeinander achten. Ab und an muss man die kleinen Gesten der Zusammengehörigkeit wieder neu entdecken, um darauf aufbauen zu können. Sie werden feststellen, dass Sie in einer fremden Umgebung – trotz oder gerade wegen der unbekannten Wahrnehmungen – ganz automatisch vermehrt aufeinander achten.

Sie bemerken es, wenn Ihr Hund auf Sie wartet oder Sie anschaut, weil er nicht so recht weiß, wie er einen Gitterrost überqueren oder auf entgegenkommende Wanderer reagieren soll. Sie sehen an seinem kurzen Nachfragen, dass er das leise Murmeln des Baches oder den Artgenossen in der Ferne schon längst wahrgenommen hat und nun gerne dorthin möchte.

Auf der anderen Seite registriert Ihr Hund mit großer Wahrscheinlichkeit Ihre Anspannung, weil der Weg nun steil bergab geht oder durch unwegsames Gelände führt. Er passt sich dann Ihrem Tempo an oder kommt zu Ihnen, wenn Sie straucheln, obwohl er sonst recht dynamisch unterwegs ist.

Vermutlich läuft er auf neuen und damit spannenden Wegen gerne mal ein ganzes Stück voraus oder schnüffelt sich irgendwo fest. Und dennoch gibt es Momente, in denen er wieder von alleine seinen Fokus auf Sie und das Weitergehen richtet.

Neben den Aufmerksamkeitsgesten ergeben sich auf einer längeren Tour so viele Momente, in denen Sie sich miteinander wohlfühlen und die zur Zusammengehörigkeit beitragen. Ein Beispiel von uns: Natürlich weiß ich, dass mein Hund aufgrund der Wanderung müde und ausgelastet ist, dennoch freue ich mich darüber, wie selbstverständlich er danach in der Gaststätte unterm Tisch schläft. Ich staune, wie gelassen er an Wanderern vorbeigeht oder die Begegnung mit den ihn streicheln wollenden Kindern meistert, obwohl er sonst häufig in seinem Kontaktbedürfnis gebremst werden muss. Die Freude über diese Erlebnisse, die Verbundenheit wirkt – zumindest bei mir und meinem Hund – noch lange Zeit nach.

Ich freue mich über die Begeisterung meines Hundes. Nach seinem Bad eilt Mogli zu mir und drückt sich nass und sehr zufrieden an mich – auch eine Form des »Wir-Gefühls«.

Eine kleine Ruhepause zwischendurch.

**Manchmal tut es gut, einen Gang zurückzu-
schalten.** Auf jeder Wanderstrecke gibt es
Passagen, in denen Sie beide die Seele baumeln
lassen können. Genießen Sie das entspannte
Unterwegssein mit Ihrem Hund. Versuchen Sie
einmal bewusst, nicht zu üben oder ihn ständig
zu reglementieren, er muss nicht maximal geför-
dert oder ausgelastet werden. Lassen Sie ihn
einfach Hund sein und geben Sie ihm Raum,
seinen Bedürfnissen nachzukommen, soweit dies
machbar ist. Wenn er durch sein Verhalten, seine
Unaufmerksamkeit sich oder andere gefährden
würden, dann führen Sie ihn angeleint, evtl. an
langer Leine, und passieren Sie Entgegenkommende oder aufregende Reize vorbeugend mit
einem gewissen Abstand.

Vielleicht fällt Ihnen im Verlauf der Wanderung
auf, dass Sie mit wenigen Anweisungen
auskommen, jedoch sehr genau darauf achten,
dass sich der Hund daranhält. Einfach weil es in
diesem Moment erforderlich ist: Es ist gefährlich, wenn er auf dem glitschigen Pfad an der
Leine zieht.

Herausforderungen gemeinsam bewältigen.
Übungen können, das passende Vorgehen
vorausgesetzt, wunderbar einstudiert werden.
Zum Team werden Sie, wenn jeder mit seinen
individuellen Fähigkeiten dazu beiträgt, das
Erlernte selbst unter schwierigeren Bedingungen
umzusetzen oder ein unvorhergesehenes
Problem zu meistern.

Auf eingeplante Schwierigkeiten können Sie sich
vorbereiten. Sie wissen beispielsweise, dass eine
bestimmte Strecke mit öffentlichen Verkehrsmit-
teln zurückgelegt werden muss oder in einem
bestimmten Gebiet mit vermehrten Hundebe-
gegnungen zu rechnen ist.

Andere Herausforderungen entwickeln sich eher
überraschend: der Hofhund des einsamen
Gehöfts steht plötzlich vor Ihnen und kein Besitzer weit und breit. Sie haben sich verlaufen, oder
ein unerwarteter Regenschauer drängt Sie dazu,
eilends einen Unterschlupf zu suchen.

Gerade dann, wenn es schwierig wird, zeigt sich
das gute Zusammenspiel. Mal wissen Sie, was zu
tun ist und ermuntern Ihren Hund, auf Sie zu
achten und Ihnen zu vertrauen. Ein anderes Mal
hat Ihr Hund eine gute Idee. So findet mein
Hund z.B. immer einen Weg, um Bäche zu
überqueren oder steile Böschungen zu erklim-
men. Ich darf mich dann auch an ihm festhalten

In diesem Gelände wäre ständige Aufmerksamkeit aufeinander weder möglich noch sinnvoll. Hund und Halter haben genügend damit zu tun, auf den Weg zu achten. Thamo erhält nur dann eine Anweisung, wenn dies situationsbedingt erforderlich ist.

oder von ihm ziehen lassen, und er scheint stolz darauf zu sein, mir zu helfen und seinen Teil zum Gelingen beizutragen.

Konzentrations-Training

Konzentration ist ein Teilbereich von Aufmerksamkeit und beschreibt einen Zustand, in welchem der Hund mit voller Aufmerksamkeit bei der Sache ist. Es ist die Intensität und Dauer mit der einem Reiz, einer Person oder einer Tätigkeit Beachtung geschenkt wird.

Viele Hunde können sich konzentrieren, aber nur kurz oder auf Dinge, die für sie selbst von großem Interesse sind. »Dran zu bleiben«, auch unter ablenkenden Umständen oder bei Aktivitäten, die sie sich nicht selbst ausgesucht haben, ist für die meisten Vierbeiner ein längerer Lernprozess. Die nachfolgenden Aufgaben trainieren dies auf ganz unterschiedliche Weise.

Bodenarbeit – Fokus Körpergefühl

Manche Vierbeiner sind nicht nur mental unkonzentriert, sondern auch in ihrem Bewegungsverhalten. Sie rutschen aus oder stolpern über Hindernisse, anstatt sie bewusst Pfote für Pfote zu bewältigen. Wenn Ihr Hund aber genug damit zu tun hat, um auf unebenem Untergrund nicht die Bodenhaftung zu verlieren oder sich beim Begehen einer Treppe schwertut, wird er sich wahrscheinlich nicht gleichzeitig auf Ihre Anweisungen konzentrieren können. Falls er seinen Körper nicht ausreichend wahrnimmt oder seine Bewegungen nicht gut steuern kann, ist die Wahrscheinlichkeit größer, dass er sich zu heftig an Sie drängt oder Sie anrempelt.

Konzentriert zu arbeiten ist anstrengend, führen Sie deshalb den ungeübten Vierbeiner behutsam an ein Konzentrations-Training heran

- Beginnen Sie mit kurzen Arbeitssequenzen (einige Minuten reichen aus) und mit einer Aufgabe, die leichtfällt.
- Arbeiten Sie selbst ruhig und konzentriert, wecken Sie das Interesse des Vierbeiners, ohne ihn hochzupuschen.
- Lässt die Konzentration nach, beenden Sie das Training für diesen Moment. Starten Sie nach einer gewissen Pause oder am nächsten Tag wieder damit. Hinweise, wie »Nein, das hast du falsch gemacht« oder eine Art »Wie-schade-Signal« irritieren oft mehr, als dass sie helfen und viele Vierbeiner können sich dann gar nicht mehr konzentrieren.
- Lassen Sie ihm zwischen den Trainingseinheiten und Alltagsanforderungen genügend Freiraum und Gelegenheit zum Entspannen.

Übungen aus dem Bereich Bodenarbeit und Tellington-Ttouch (ein Konzept, welches Bodenarbeit, die Ttouches, Führübungen und den Einsatz von Körperbändern umfasst) fördern Selbstwahrnehmung, Körpergefühl sowie bewusste und langsame Bewegungen. Sie sind deshalb für viele Hunde eine gute Trainingsergänzung, die sich ohne großen Aufwand zuhause oder beim Spaziergang einschieben lässt.

Manche Hundehalter nützen die Aufgaben, um den Hund vor einem Training/Wettkampf aufzuwärmen und zu konzentrieren. Bei Bedarf kann Ihnen ein versierter Trainer oder Hundephysiotherapeut geeignete Übungen aufzeigen und Sie anfangs bei der Durchführung unterstützen.

Je nach Auswahl der Übungen können Sie unterschiedliche Schwerpunkte setzen.

Beim Gehen über Bodenunebenheiten oder instabilen Untergrund trainiert der Hund seine Körperwahrnehmung und lernt, sich konzentriert und ausbalanciert zu bewegen.

Geeignet dafür ist langsames Schrittgehen auf unterschiedlichen Naturböden, wie Waldboden mit Moos oder einer tiefen Laubschicht, Sand oder leicht morastigen Wiesen. Zuhause können Sie eine Art Pfotenpfad aus unterschiedlichen Materialien auslegen: Fußmatten, Stücke vom Teppichboden oder Kunstrasen, Plastikplanen oder dicke Pappkartons. Für stärker nachgebende bzw. leicht wackelige Untergründe verwenden Sie zusammengefaltete Decken, Schaumstoffpolster, Kissen oder eine Luftmatratze.

Beim Stehen auf einem Wackelbrett oder Gehen über eine Wippe muss sich der Hund ebenfalls

Unkonzentrierte Hunde eilen in Gedanken oftmals ihrem Tun voraus und sind bereits mit dem nächsten Reiz beschäftigt, anstatt sich auf das »Jetzt« zu fokussieren. Durch gezielte Übungen lernen sie, ihren Körper bewusst wahrzunehmen und sich auf die auszuführende Bewegung zu konzentrieren.

Bodenarbeit ist eine recht unspektakuläre Beschäftigung, bewirkt jedoch eine ganze Menge. Beim Gehen durch große, flach auf den Boden gelegte Reifen, muss sich Cali darauf konzentrieren, alle vier Pfoten so zu setzen, dass keine an den Reifen stößt.

auf seine Haltung bzw. die Koordination seiner Bewegungen konzentrieren, um die Balance zu halten.

Langsames Überschreiten von Hindernissen regt den Hund dazu an, sich koordiniert zu bewegen und konzentriert einen Schritt nach dem anderen zu tun. Für viele Hunde ist es einfacher, ein Hindernis zu überspringen, als es langsam und Pfote für Pfote zu überqueren. Beim täglichen Spaziergang finden sich viele kleine Hindernisse, an denen sich das Übersteigen gut üben lässt – wie quer liegende Äste, Wurzeln oder flache Stufen. Weitere Übungsmöglichkeiten

ergeben sich durch Pfosten, Stangen, Schwimmnudeln, die in unterschiedlicher Anordnung ausgelegt werden: in gerade Linie hintereinander, sternförmig oder in einer Art »Mikado« mit unregelmäßigen Abständen. Kleine Höhenunterschiede sorgen dafür, dass der Hund seine Pfoten sehr bewusst heben muss.

Zudem werden das gegenseitige Vertrauen und die Zusammenarbeit gestärkt. Wenn der Hund auf Ihr »Anraten« einen wackeligen Untergrund betritt oder sich auf einen ihm nicht so vertrauten Bewegungsablauf einlässt, glaubt er Ihnen, dass dies machbar ist. Bei anderen

Aufgaben beispielsweise dem Rückwärts-Gehen, lernen Hund und Mensch auf die Signale des anderen zu achten und sich fein abgestimmt zu verständigen.

Positions-Übungen – Konzentration für Mensch und Hund

Ab und an sind wir Hundehalter etwas nachlässig, wenn es um exaktes Arbeiten geht. In der Alltagshektik muss vieles schnell oder gleichzeitig geschehen und oft sind wir in Gedanken bereits wieder woanders. Der Hund erhält zwar eine Anweisung, darf aber häufig von sich aus entscheiden, wie lange bzw. präzise er diese befolgt. Vielleicht möchten Sie nicht so streng sein und den Hund immer wieder korrigieren, er soll ja schließlich Spaß an der Zusammenarbeit haben.

Aber, der Hund interpretiert Ihre Nachlässigkeit in der Regel nicht als Entgegenkommen ihm gegenüber, sondern sie signalisiert ihm, dass auch er sich nicht anzustrengen braucht und nicht genau hinhören muss, es scheint ja nicht so wichtig zu sein. Wenn Sie von Ihrem Vierbeiner mehr Aufmerksamkeit und Konzentration erwarten, sollen auch Sie achtsam sein.

Die bereits vertrauten Übungen, wie Sitz, Platz oder Steh, eignen sich gut, um den Fokus von Mensch und Hund über einen gewissen Zeitraum auf der jeweiligen Aufgabe zu halten.

- Sie üben sich darin, genau zu formulieren, was der Vierbeiner tun soll, welche Anleitung er dafür benötigt und Sie achten auf das Ergebnis.
- Ihr Hund muss sich auf den geforderten Bewegungsablauf konzentrieren und ihn zügig und möglichst exakt ausführen.

- Wenn es Ihnen beiden liegt, können Sie hierbei akribisch an Kleinigkeiten feilen wie Körperhaltung des Hundes, genau definierte Position neben/vor Ihnen oder Verständigung durch kleinste Signale.
- Noch mehr Aufmerksamkeit und Konzentration ist erforderlich, wenn der Hund die Position für einen Moment halten soll, bis er eine weitere Anweisung erhält. Dieser Arbeitsschritt fällt einem unkonzentrierten Hund besonders schwer. Sobald er in der geforderten Position ist, hat er nämlich wieder Kapazität frei, um sich der Umwelt zu widmen. Die Versuchung ist groß, sogleich zu reagieren und die Haltung zu verändern, wenn seine Aufmerksamkeit von etwas anderem in Anspruch genommen wird.

Es geht bei diesen Übungen nicht um Drill oder roboterhaft ausgeführte Bewegungen. Genauigkeit und freudiges Arbeiten schließen sich nicht aus. Beim Obedience-Training beispielsweise, bei dem exaktes und schnelles Ausführen der einzelnen Aufgaben im Vordergrund steht, wird sehr darauf geachtet, dass der Hund freudig arbeitet und eine harmonische Zusammenarbeit erkennbar ist. Wenn Sie und der Hund Spaß an einer solchen Beschäftigung haben, bietet gerade Obedience bzw. Rally-Obedience viele Anregungen dafür.

Genauso wichtig ist mir, dass die Aufgaben hundegerecht sind, der Vierbeiner verstehen und auch ausführen kann, was von ihm gefordert wird und Sie beide dadurch Ihrem Ziel ein Stück näherkommen. Wenn es Ihrem Hund einfach nicht liegt, super exakt zu arbeiten, ist es sinnvoller, den Trainings-Schwerpunkt auf Alltagstauglichkeit zu legen. Wählen Sie Aufgaben, die auch im täglichen Umgang eine

Es muss nicht das klassische Sitz und Platz sein. Hauptsache ist, dass Hund und Mensch konzentriert und mit Freude zusammenarbeiten.

Funktion haben und achten Sie darauf, dass er sie ausführt bzw. die eingenommene Position so lange hält, wie es für diesen Moment erforderlich ist.

Suchen – mit Ausdauer zum Ziel

Die meisten Hunde verfolgen und untersuchen von sich aus begeistert die unterschiedlichsten Gerüche. Deshalb eignet sich Nasenarbeit hervorragend, um konzentriertes Arbeiten zu fördern. Sie werden feststellen, dass Ihr eifrig suchender Vierbeiner zunehmend andere Reize entlang des Weges völlig unbeeindruckt passiert, obwohl er sonst diesen Dingen sofort Aufmerksamkeit schenken würde.

Die Aufgaben sehen auf den ersten Blick nicht nach intensiver Zusammenarbeit aus. Während der Hund sucht, scheinen Sie mehr oder weniger außen vor zu sein. Das mag evtl. bei einer reinen Leckerli-Suche der Fall sein, aber auch hier wird Konzentration geübt.

Bei den allermeisten Such-Aufgaben jedoch bilden Sie und Ihr Hund eine Arbeitsgemeinschaft, bei der jeder auf seine Weise zum Erfolg beiträgt.

Es gibt viele Aufgaben rund um das Suchen, sodass sich für fast jeden Hund etwas Passendes finden lässt. Stellvertretend für die unterschiedlichen Möglichkeiten hier in Kurzform drei Übungsvorschläge.

Verlorene Gegenstände: Der Hund sucht in einem bestimmten Gebiet einen Gegenstand, den Sie zuvor versteckt haben, beispielsweise sein Lieblingsspielzeug oder etwas, das Ihnen gehört (Handschuh, Schal, Brieftasche).

Beginnen Sie in einem leicht zugänglichen, überschaubaren Areal: ein bestimmter Raum Ihrer Wohnung oder eine Wiese bzw. lichter Wald, am besten durch Zäune oder Hecken etwas eingegrenzt, damit der Hund im Suchengebiet bleibt.

Übungsaufbau:
- Anfangs darf der Hund dabei zuschauen, wie Sie das Spielzeug auf kurze Distanz und nicht allzu schwierig verstecken.
- Sie geben ihm anschließend die Erlaubnis zum Suchen und ermuntern ihn mit Worten oder einer entsprechenden Handbewegung. Reden Sie nicht auf ihn ein, auch wenn er den Gegenstand nicht sofort findet, damit er sich auf die Suche konzentrieren kann. Notfalls gehen Sie ruhig neben ihm her und signalisieren ihm ein wenig die Richtung.
- In welcher Form der Hund seinen Fund anzeigt, bleibt Ihnen überlassen: er könnte vorsitzen, sich hinlegen, den Gegenstand apportieren oder einfach nur dort ankommen. Belohnen Sie ihn durch ein Spiel mit dem gefundenen Gegenstand, Futter und Ihrer Freude – stellen Sie sich vor, es wäre Ihre verlorene Geldbörse.
- Hat er das Prinzip verstanden hat, vergrößern Sie die Distanz, verstecken Sie das Spielzeug im Laubhaufen, hinter dem Holzstapel, im hohen Gras oder daheim hinter Möbeln oder unter Decken.
- Täuschen Sie das Verstecken an, gehen noch einige Schritte weiter und legen erst dann den Gegenstand ab. Oder lassen Sie den Gegenstand während Sie beide weitergehen (fast) unbemerkt fallen. Anschließend schicken Sie den Hund zurück, um zu suchen.

Einen bestimmten Geruch: Der Hund merkt sich einen ganz bestimmten Geruch, um ihn wieder zu finden. Ich verwende hierfür gerne Teebeutel: sie sind klein und handlich, haben meist einen starken Eigengeruch und es gibt sie in ganz unterschiedlichen Geruchs-Varianten.

Übungsaufbau:
- Wecken Sie das Interesse des Hundes, in dem Sie den Teebeutel in die Hand nehmen und ausführlich begutachten. Danach strecken Sie ihn dem Hund entgegen (aber nicht aufdrängen), er soll möglichst von sich aus dem Beutel entgegenkommen und daran riechen. Loben Sie ihn für dieses Interesse.

Ein schwieriges Suchengebiet: Der Gegenstand liegt in unwegsamem Gelände, etwas vergraben oder erhöht auf einem Baumstumpf.

- Nachdem er am Tee geschnuppert hat, entfernen Sie sich einige Schritte, legen den Beutel deutlich sichtbar auf den Boden, gehen wieder zurück zum Hund und schicken ihn mit einem aufmunternden Signal zum Suchen. Natürlich wird er gelobt und belohnt, wenn er daraufhin zum Beutel läuft und daran schnuppert.
- In weiteren Durchgängen verstecken Sie den Beutel oder legen ihn in einer größeren Distanz ab. Der Hund darf jedoch immer noch zusehen.
- Wenn er seinen Fund auf eine bestimmte Art und Weise anzeigen soll, kann das die Zusammenarbeit zwischen Ihnen zusätzlich verstärken. Er signalisiert Ihnen, dass er gefunden hat und Sie herbeikommen und den Fund aufnehmen sollen.
- Um dem Hund die gewünschte Anzeige beizubringen, gehen Sie einige Male mit ihm zusammen zum Fundort. Sobald er den Teebeutel erreicht und daran geschnüffelt hat, geben Sie ihm das Signal zum Hinlegen o.ä. Natürlich wird er auch dafür gelobt.

Anforderungen steigern:
- Schwieriger wird es, wenn er beim Verstecken nicht mehr zuschauen darf, Sie den Radius vergrößern, in einem neuen Umfeld trainieren oder mehrere Teebeutel der gleichen Sorte verteilen, die der Hund dann nacheinander finden soll.
- Noch anspruchsvoller: Verwenden Sie unterschiedliche Teesorten. Der Hund soll beispielsweise einen bestimmten Schwarztee suchen. Halten Sie ihm diese Sorte als Riechprobe hin und schicken Sie ihn zum Suchen nach dem versteckten Schwarztee. Als Verleitung liegt jedoch auch ein Beutel mit Früchte-Tee im Suchengebiet, den er ignorieren soll.

Die Fährte: Wenn Ihr Hund gerne Spuren verfolgt, legen Sie ihm eine Fährte mit Wurst-/Käsebröckchen oder indem Sie einen Gegenstand hinter sich herziehen und diesen am Ende der Spur ablegen. Bei der Fährten-Suche gibt es verschiedene Variationen, lassen Sie sich bei Bedarf von einem kundigen Trainer unterstützen.

Wichtig: Der Hund muss klar erkennen, dass er jetzt gemeinsam mit Ihnen einer Spur folgen und dabei vorneweg streben und auch ziehen darf. Erkennungszeichen sind z.B. eine Extra-Ausrüstung (anderes Geschirr, umgebundenes Halstuch ect.), das Anlegen einer längeren Leine und ein spezielles Suchen-Signal.

Übungsaufbau: T-Shirt-Fährte auf einer Wiese mit niedrigem Bewuchs (die betreten werden darf).
- Der Hund darf zuschauen, wie Sie die Spur legen. Markieren Sie die Stelle, an der die Fährte beginnt mit einem Stein oder in die Erde gesteckten Stab.
- Treten Sie die Erde am Ansatzpunkt deutlich nieder, ehe Sie auf die Strecke gehen. Ziehen Sie dabei das T-Shirt hinter sich her. Anfangs gehen Sie nur ca. 20 bis 30 Schritte in gerader Linie, legen am Ende das T-Shirt ab, verlassen mit einem großen Schritt die Spur und gehen im Bogen zurück.
- Führen Sie den Hund zum Ansatzpunkt und wecken Sie sein Interesse an der Spur: Zeigen Sie darauf, suchen Sie selbst ein wenig im Gras. Lassen Sie ihm Zeit, den Geruch aufzunehmen. Sobald er sich dafür interessiert, darf er auf ein Signal hin mit der Suche beginnen.
- Verfolgt er die Spur, gehen Sie langsam hinterher. Halten Sie die Leine so locker, dass er weder ausgebremst wird noch sich darin verwickeln kann.

- Es ist normal, wenn er ein wenig von rechts nach links über die Spur pendelt, damit sichert er sich ab, dass er immer noch richtig ist. Bei Seitenwind läuft er evtl. auch versetzt neben der Spur.
- Lassen Sie Ihren Hund in Ruhe arbeiten, greifen Sie nur ein, wenn er zu weit von der Spur abkommt. Bleiben Sie dann stehen und warten Sie ab, ob er sich von selbst wieder einsucht. Wenn er sehr verunsichert ist, länger stehen bleibt oder sich noch weiter entfernt, können Sie ihn ruhig auf die Fährte zurückführen.

Anforderungen steigern:
- Biegen Sie auf halber Strecke im rechten Winkel nach rechts oder links ab. Der Hund schaut beim Legen der Spur nicht mehr zu.
- Die Strecke wird länger, führt durch unterschiedlich hohes Gras oder kreuzt einen Feldweg. Sie bauen mehrere Winkel ein, diese dürfen jedoch nicht zu nahe beieinander liegen, damit der Hund auf der Spur bleibt und nicht abkürzt.
- Der Hund darf eine Spur verfolgen, die bereits einige Stunden alt ist.

Im Übungs-Dreieck – Geduld, Kommunikation und Kooperation

Die Aufgaben stammen ursprünglich aus dem Apportiertraining. Sie sind dazu gedacht, um Lenkbarkeit und Zusammenarbeit auch auf Entfernung zu trainieren, die Kommunikation zu verbessern und dem Hund »Steadyness« zu vermitteln, d.h. ruhiges Abwarten, obwohl ein Apportiergegenstand geworfen wird oder unterschiedliche Ablenkungen vorhanden sind.

Thamo muss kurz sitzen bleiben, bis er die Erlaubnis bekommt, zum Spielzeug zu rennen. Während der Wartezeit ist Konzentration gefragt: Er soll weder unruhig werden noch das Interesse an der Zusammenarbeit verlieren.

Ich setze sie sehr gerne ein, um Abwechslung in das Aufmerksamkeits-Training zu bringen und den Schwerpunkt auf die Zusammenarbeit zu legen. Die Hundehalter können die Übungen problemlos dem jeweiligen Leistungsstand anpassen und immer wieder neu variieren, damit sind Erfolgserlebnisse gegeben und es wird nie langweilig. (Mehr Infos und Übungs-Ideen finden Sie in vielen Apportieranleitungen oder im Buch von Katrien Lismont »Ums Ecke gedacht«, Kynos-Verlag)

Basis-Übung
Stellen Sie sich ein Dreieck vor, Kantenlänge zu Beginn zwischen drei und fünf Meter. Aus der Form des Dreiecks, der Entfernung und der Wahl des ausgelegten Gegenstands ergeben sich dann unterschiedliche Schwierigkeitsgrade.
- An Ecke 1 platzieren Sie Ihren Hund, anfangs wählen Sie dafür die Position (Sitz, Steh oder Platz), in der er am ruhigsten warten kann.

Geduld – ein wichtiger Faktor für eine gute Zusammenarbeit

Geduld zu zeigen, einem Impuls nicht direkt nachzugeben ist für manche Hunde gar nicht so einfach, auch wenn sie gerne mit ihrem Menschen zusammenarbeiten. Es »drängt« sie geradezu, eine Wahrnehmung sofort zu untersuchen. Anderen fällt es schwer, während des Abwartens aufmerksam zu bleiben und nicht das Interesse an der Aufgabe oder Zusammenarbeit zu verlieren.

Helfen Sie Ihrem Hund, geduldiger zu werden:

- Oft fällt ihm das Warten leichter, wenn es einen Alltagsbezug hat, beispielsweise kurz sitzen bleiben, bis Sie die Haustüre geschlossen oder ihm die Pfoten abgeputzt haben. Oder wenn Impulskontrolle im Zusammenhang mit dem Arbeiten geübt wird: z.B. abwarten, ehe er zum Apportieren geschickt wird oder über ein Hindernis springen kann.

- Hunde mit sehr geringer Geduld und Frustrationstoleranz müssen das Abwarten besonders behutsam und in wirklich kleinen Schritten lernen, weil sie auf Einschränkungen oft mit enormer Anspannung reagieren.

Gehen Sie mit gutem Beispiel voran – es muss nicht immer alles sofort sein

- Haben Sie Geduld mit Ihrem Hund bis er etwas begreift und umsetzen kann. Erwarten Sie nicht, dass er einen Handlungsablauf, den Sie bereits ganz konkret vor Augen haben, sofort nachvollziehen kann.
- Nehmen Sie sich Zeit für eine ruhige und eindeutige Kommunikation. Hören und schauen Sie aufmerksam hin, wenn er Ihnen etwas mitteilen möchte.

- Danach gehen Sie zu Ecke 2 und legen dort Futter oder Spielzeug aus.
- Gehen Sie weiter zu Ecke 3 und verweilen dort einige Sekunden, anschließend zurück zum Hund, loben und belohnen Sie ihn für seine Geduld. Halten Sie die Wartezeit zunächst sehr kurz, es muss machbar sein für den Hund!

Für den Übungsabschluss gibt es verschiedene Möglichkeiten:

- Sie gehen mit dem Hund zu Ecke 2, dort erhält er das Futter oder Spielzeug.

- Sie geben ihm die Erlaubnis zur »Beute« zu laufen. Ob er dann mit dem Gegenstand spielt oder ihn zu Ihnen bringt, bleibt Ihnen überlassen und hängt auch davon ab, ob Ihr Hund gelernt hat zu apportieren.
- Ab und an können Sie die Übung beenden, ohne dass sich der Hund an Ecke 2 bedienen darf. Dazu geben Sie ihm das Signal fürs Mitkommen und entfernen sich vom Übungs-Dreieck. Belohnen Sie ihn sehr hochwertig, wenn er aufmerksam mit Ihnen mitgeht und der Verlockung von Ecke 2 widerstehen kann.

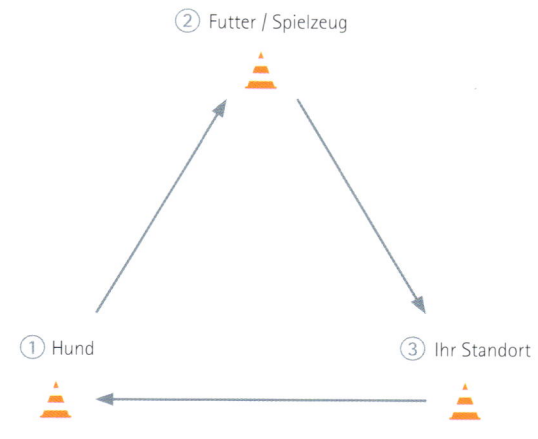

Basis-Dreieck

Für fortgeschrittene Teams: Nachdem Sie den Hund an Ecke 1 platziert haben, gehen Sie auf Ihre Ecke 3, werfen das Spielzeug auf 2, während der Hund auf seinem Platz bleibt.
Falls Ihr Vierbeiner zum spontanen Losrennen neigt, postieren Sie einen Helfer bei Ecke 2, der den Gegenstand dann zügig einsteckt.

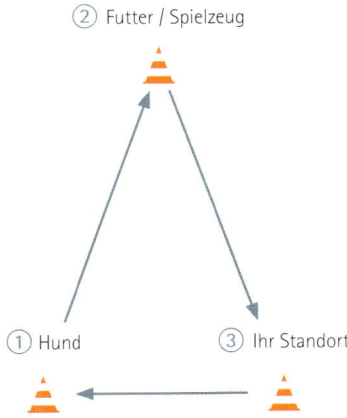

Spitzes Dreieck – Hund und Mensch sind nur wenige Meter auseinander, während die Ablenkung an Ecke 2 weit entfernt ist. Diese Anordnung macht es dem Vierbeiner leichter, auf Sie und Ihre Anweisungen zu achten.

Für Fortgeschrittene

Hier lernt der Hund, sich zunächst auf Sie und Ihre Anweisungen zu konzentrieren, ehe er zum Futter oder Spielzeug laufen darf.

Anfangs werden sowohl die Entfernung als auch der Winkel so gewählt, dass Sie sehr nahe am Hund stehen. Dadurch können Sie ihn besser kontrollieren, außerdem fällt es den meisten Hunden leichter, zu Ihnen zu kommen, wenn Sie näher an ihm dran sind, als die »Beute«.

- Der Hund sitzt wieder auf seiner Ecke 1, Sie gehen zur Ecke 2, legen dort ein Spielzeug oder Leckerchen aus und begeben sich zu Ihrer Ecke 3.
- Rufen Sie den Hund zu sich. Achten Sie darauf, dass er seinen Fokus auf Sie und das Herankommen richtet und nicht bereits Richtung

Ecke 2 abdriftet. Erst wenn er ganz bei Ihnen angekommen ist und ruhig neben Ihnen sitzt, wird er zum Spielzeug/Leckerchen geschickt.

Variationen:
- Fügen Sie, nachdem der Hund bei Ihnen angekommen ist, noch eine kurze Fuß-Übung hinzu, die wieder an Ecke 3 endet, ehe Sie den Hund zur Spielzeug-Ecke 2 schicken.
- Werfen Sie den Gegenstand von Ihrem Standort auf die Ecke 2.
- Verändern Sie zunehmend den Winkel des Dreiecks, so dass die Entfernung zwischen dem Standort des Hundes und dem ausgelegten Gegenstand kürzer ist, als die Strecke zu Ihnen.
- Arbeiten Sie über größere Distanzen. Hierbei sind klare Signale besonders wichtig, der Hund muss genau erkennen können, was Sie von ihm möchten.

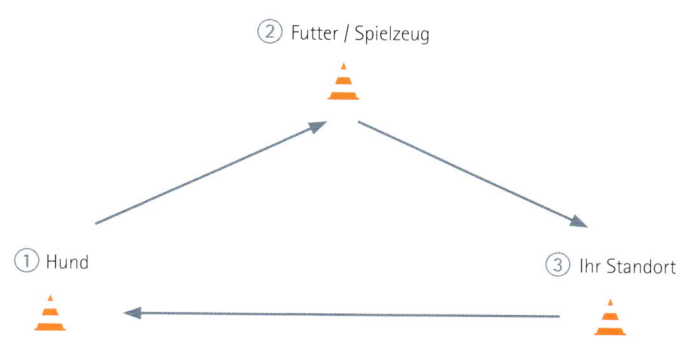

Sehr flaches Dreieck - Ihr Standort befindet sich fast in gleicher Linie mit dem ausgelegten Gegenstand. Der Hund muss mehr oder weniger an Ihnen vorbei, falls er direkt zu Ecke 2 rennen möchte.

Umrunden von Gegenständen

Dem Hund das Umrunden beizubringen ist ein gutes Training für uns Menschen, um Gestik und Körperhaltung so präzise und bewusst wie möglich und als sinnvolle Ergänzung zu verbalen Anweisungen einzusetzen. Häufig verlieren unsere Anweisungen an Klarheit, weil wir uns zu hastig und gestenreich bewegen oder unsere Körpersprache nicht im Einklang mit den verbalen Anweisungen steht. Für den Hund ist es deshalb nicht immer einfach, zu verstehen, was gemeint ist und es nimmt ihm auch ein Stück weit die Motivation, weiterhin genau hinzuschauen.

Umrunden von Gegenständen macht vielen Hunden großen Spaß, wenn sie das Prinzip einmal verstanden haben. Es kann eine separate Beschäftigung beim Spaziergang oder innerhalb der Wohnung sein oder in die Dreiecks-Übungen integriert werden.

Als separate Übung: Beginnen Sie mit höheren Gegenständen, wie Pfosten oder Bäumen. Kleinere Markierungen werden von manchen Hunden zunächst übersprungen bzw. umgeworfen. Führen Sie einen unkonzentrierten Vierbeiner am besten vorher ein- oder zweimal u-förmig um den Baum, damit er sich an den Bewegungsablauf gewöhnt, ehe Sie die eigentliche Übung starten.

Überlegen Sie im Vorfeld, mit welcher Hand und welcher Geste Sie ihn zum Umrunden schicken, evtl. probieren Sie den Ablauf erst einmal ohne Hund. Eine Möglichkeit ist folgender Übungsaufbau:

Thamo neigt zum Übereifer, er weiß noch nicht genau, was er tun soll, fängt aber schon mal an ...

Mit eindeutigen Gesten und auf kurze Distanz wird er um den Pfosten gelenkt, damit er möglichst wenig Fehler machen kann.

Geduldiges Vorgehen, viele Wiederholungen und Lob helfen ihm, das Prinzip des Umrundens zu verstehen.

- Ausgangspunkt: Sie möchten Ihren Hund von links nach rechts – also im Uhrzeiger-Sinn um einen Baum schicken.
- Ihre Position: ca. 50 cm vor den Baum, der Hund sitzt oder steht links neben Ihnen und kann, wenn er losläuft, in gerader Linie am Baum vorbeigehen.
- Für die erste Umrundung geben Sie dem Hund so viel Wegführung wie möglich: einen Ausfallschritt mit Ihrem linken Bein, so dass Ihr Fuß fast den Baum berührt, Ihr linker Arm zeigt ausgestreckt ebenfalls in Richtung des Baumes.
- Ermuntern Sie den Hund loszugehen, zeigen Sie ihm dabei nochmals mit dem linken Arm den Weg und locken Sie ihn mit Ihrer rechten Hand, in der sich ein Leckerchen befindet, um den Baum herum. Loben Sie ihn, wenn er die Kurve schafft und geben Sie ihm das Futter, sobald er wieder bei Ihnen angekommen ist.
- Wenn er den Bewegungsablauf begriffen hat, begleiten Sie das Umrunden mit dem dafür ausgewählten Signal.
- Reduzieren Sie die deutlichen Hilfen schrittweise: lassen Sie den Ausfallschritt weg, danach das Locken mit der Futterhand usw. bis Sie den Hund schließlich nur mit der richtungsweisenden Geste Ihres linken Armes oder gar nur einer Handbewegung und dem Signal um den Baum schicken können. Loben Sie ihn weiterhin für das Umrunden und belohnen ihn, wenn er wieder bei Ihnen angekommen ist.
- Vergrößern Sie die Distanz zum Baum, bis Sie den Vierbeiner auch aus einer Entfernung von mehreren Metern um den Baum schicken können.

Trainieren Sie das Umrunden aus der anderen Richtung: Schicken Sie den Hund gegen den Uhrzeigersinn um den Baum.

Im Übungs-Dreieck: Verwenden Sie evtl. zunächst die bereits vertrauten Pfosten, nach und nach kann der Hund lernen, auch Pylonen oder ähnlich niedrige Markierungen zu umrunden.

Ohne zusätzliche Ablenkung an Ecke 2
- Holen Sie den Hund zu sich an Ihren Standort Ecke 3. Wenden Sie sich beide dem Pfosten z.B. Ecke 1 zu und schicken den Hund zum Umrunden. Sobald er wieder bei Ihnen angekommen ist, wird er belohnt.
- Lenken Sie ihn nacheinander um mehrere Pfosten – anfangs stehen die beiden Pfosten 1 und 2 recht weit auseinander. Richten Sie sich gezielt auf den ersten Pfosten aus und schicken Sie den Hund mit einer gut erkennbaren Richtungs-Geste zum Umrunden. Nach dem Zurückkommen wenden Sie sich mit einer deutlichen Körperbewegung zum zweiten Pfosten und schicken den Hund.

Mit Ablenkung an Ecke 2
- Der Hund befindet sich bei Ihnen an Ecke 3 und erhält die Anweisung, den Pfosten an Ecke 1 zu umrunden, nach seiner Rückkehr zu Ihnen wird er zum Spielzeug/Leckerchen an Ecke 2 geschickt.
- Noch anspruchsvoller wird es, wenn Sie einen vierten Punkt hinzufügen. Rufen Sie den Hund von seinem Standort Ecke 1 zu sich auf 3, schicken ihn zum Umrunden von Pfosten 4 – nach seiner Rückkehr darf er zur Belohnungsecke laufen.

Training, Turnier, Prüfung – Aufmerksamkeit unter besonderen Bedingungen

Die Aussage »Daheim kann er es so gut, aber hier ...« wird häufig als Ausrede angesehen, entspricht aber oft der Wahrheit. Im vertrauten Umfeld sind Sie und Ihr Hund bereits ein eingespieltes Team. In dieser anderen Umgebung jedoch ist vieles neu, beunruhigt oder lenkt ab. Es ist völlig normal, dass es Ihnen beiden zunächst schwerfällt, Ihr Können in vollem Umfang zu zeigen oder sich auf neue Lerninhalte zu konzentrieren. Für manche Teams ist es zudem ungewohnt, unter Beobachtung oder über längere Zeit konzentriert zu arbeiten.

Teamarbeit von Anfang an – die Vorbereitung

Wenn Sie den Hund mit Anweisungen überfallen, während sein Fokus noch völlig woanders ist, kann er Ihnen nicht folgen. Wenn Sie gedanklich noch abschweifen, fallen Ihre Informationen für den Hund wahrscheinlich nicht sehr zielführend aus.

Sie brauchen die Aufmerksamkeit aufeinander, um die Signale des anderen zu bemerken, sich zu verständigen und miteinander die vor Ihnen liegenden Aufgaben zu bewältigen.

Kalkulieren Sie mit ein, dass das Erlernen von Aufmerksamkeit und Zusammenarbeit unter Sonderbedingungen genauso viel Zeit und Energie in Anspruch nimmt, wie andere Aufgaben auch.

Ankommen und sich auf das gemeinsame Arbeiten einstellen. Dieser Punkt steht oftmals nicht so sehr im Fokus der Hundehalter, dabei ist die Zeit vor dem eigentlichen Training/Wettkampf mitentscheidend dafür, ob Aufmerksamkeit gelingt oder nicht.

Ein Beispiel, welches besonders in Trainingsgruppen immer wieder zu beobachten ist: Der Hundehalter ist spät dran, schnell aus dem Auto, Ausrüstung zusammensuchen, eine kurze Begrüßung, nebenbei wird der Hund aus dem Auto geholt. Oder, der Hundehalter nutzt die Zeit nach der Ankunft für den Austausch mit den Trainingskollegen, während der Hund herumschnuppert oder sich mit Artgenossen »unterhält«. Und dann geht's übergangslos zum Training. Aber, nur die wenigsten Teams sind auf Knopfdruck im Arbeitsmodus, die allermeisten benötigen eine Einstimmung.

- Kommen Sie rechtzeitig an, suchen Sie sich evtl. einen Parkplatz abseits, damit Sie nicht bereits beim Aussteigen mitten unter den zu diesem Zeitpunkt vielleicht ebenfalls noch unruhigen Trainingskollegen sind.
- Geben Sie dem Vierbeiner nach der Autofahrt die Möglichkeit, sich zu lösen oder etwas »Dampf« abzulassen durch einen kleinen Spaziergang oder eine kurze Rennrunde.
- Nehmen Sie den Weg zum Trainings- oder Prüfungsgelände, der Ihnen beiden Raum lässt, sich vorzubereiten und gemeinsam in eine aufmerksame, aber nicht allzu aufgeregte Arbeitsstimmung zu kommen.
- Je nach Aufgabengebiet sind Rituale eine weitere Maßnahme, damit sich Hund und Mensch auf das Kommende einstimmen können. Beispiel: vorbereitende Übungen, Leine, Halsband oder Geschirr wechseln, Apportiergegenstände bereitlegen oder Ihre bestimmte Trainingskleidung, wie Trainingsweste oder Gummistiefel, anziehen.

Für manche Teams werden all die Wahrnehmungen rund um Training oder Wettkampf im Laufe der Zeit mit zum Signal dafür, jetzt besonders aufmerksam und konzentriert zu arbeiten.

Ihre mentale Vorbereitung. Wenn Sie von Ihrem Hund Aufmerksamkeit erwarten, sollten Sie alles dafür tun, um selbst ebenfalls aufmerksam und konzentriert zu sein.

Versuchen Sie so ehrlich wie möglich herauszufinden, welche Faktoren Ihre Konzentration beeinflussen (Umwelt, beobachtet werden, das Verhalten Ihres Hundes, Leistungsdruck etc.),

damit Sie sich darauf vorbereiten und gegensteuern können.

Verschiedene Aufmerksamkeits- und Konzentrations-Übungen oder Entspannungs-Techniken wie Yoga oder Atemübungen können ganz allgemein zu mehr Ruhe und Fokussierung beitragen. Manchmal reichen recht einfache Maßnahmen. Einer meiner Kursteilenehmer, der sich leicht von äußeren Einflüssen ablenken lässt, verbessert seine Konzentration, indem er sich in einem belebten Umfeld mit einem Kreuzworträtsel beschäftigt.

Während der Vorbereitungszeit erkennen Sie, in welcher Verfassung Ihr Hund an diesem Tag ist und können das weitere Vorgehen darauf abstimmen.

Vielen Menschen nützt es, wenn Sie sich Dinge bildlich vorstellen. Wie schaut es z.B. aus, wenn Sie und Ihr Hund konzentriert zum Trainingsgelände/Startpunkt gehen? Haben Sie dieses Bild sehr detailliert vor Augen: Ihre Körperhaltung, die Leinenhaltung, die Anweisungen an den Hund, wie klingt Ihre Stimme, wie schnell oder langsam gehen Sie?

Ein Hundehalter, der häufig auf Turnieren startet, arbeitet mit folgender Strategie: Er beschreibt in Gedanken (einem imaginären Zuschauer) den genauen Ablauf der vor ihm liegenden Aufgabe. Dazu stellt er sich vor, wie die Übung im Gesamten ausschauen soll und konzentriert sich dann auf die dazu nötigen Einzelschritte.

Schaffen Sie sich Konzentrations-Inseln. Das bedeutet, es gibt in diesem Moment nur Sie, Ihren Hund und die Vorbereitung auf die nächste Aufgabe. Das gelingt sicher nicht auf Anhieb, irgendetwas oder irgendjemand stört immer. Probieren Sie es zunächst während des Trainings in einer vertrauten Gruppe. Suchen Sie eine ruhige Ecke mit einigem Abstand zu anderen Teams. Kontrollieren Sie Ihre Anspannung, indem Sie sich auf den Atemrhythmus konzentrieren, der Ihnen guttut, sich bildlich vorstellen, wie Sie beide gut zusammenarbeiten oder einfach nur mit ruhigem Körperkontakt zum Hund verweilen. Dann gehen Sie in Gedanken den Ablauf der nächsten Übung durch und konzentrieren sich auf die Kommunikation mit Ihrem Hund. Lassen Sie sich nicht unterbrechen, gerade höfliche, aufgeschlossene Menschen tun sich da oft schwer. Aber Sie sind im Moment nicht da, um sich zu unterhalten, sondern um gemeinsam mit Ihrem Hund zu arbeiten. Für ein Gespräch ergibt sich ein anderer Zeitpunkt.

Je genauer Sie wissen, wie eine Übung ausschauen soll und welche Hinweise Ihr Hund benötigt, umso zielgerichteter können Sie arbeiten.

Training oder Prüfungssituation?

Trainingsgruppen eignen sich gut, um Aufmerksamkeit auch unter ablenkenden oder wechselnden Bedingungen zu üben. Wie groß die Gruppe sein darf, hängt von den Lerninhalten ab und davon, wie viel Ablenkung Ihr Vierbeiner derzeit verkraftet. Für den sehr unaufmerksamen Vierbeiner ist evtl. ein Einzeltraining oder eine sehr kleine Gruppe sinnvoll, damit Hund und Mensch eine bessere Chance zur Zusammenarbeit haben.

Optimal ist es, wenn Sie jeweils so individuell wie möglich arbeiten können.

Sie üben in dem Abstand zu Reizquellen, der es dem Hund erlaubt, aufmerksam zu bleiben. Beispiel: Ihr Hund lässt sich durch Artgenossen stark ablenken. Es wäre also unklug, eine neue Aufgabe in unmittelbarer Nähe eines besonders interessanten Vierbeiners einzuüben.

Wählen Sie zunächst einen großen Abstand zu anderen Teams. Als nächstes könnten Sie neben einen nicht so spannenden Vierbeiner üben oder eine gut vertraute Aufgabe immer mehr in die Nähe des besonders irritierenden Artgenossen verlagern.

Die Übungszeit ist auf die Konzentrationsfähigkeit des Vierbeiners abgestimmt. Sie legen dann eine Pause ein, bzw. beenden das Training, ehe es für Ihren Hund zu viel wird. Ein junger Vierbeiner kommt wahrscheinlich schneller an seine Grenzen, als ein mit dem Prinzip des Lernens bereits vertrauter Hund. Berücksichtigen Sie dabei auch, ob Ihr Vierbeiner grundsätzlich daran gewöhnt, aufmerksam mit Ihnen zusammenzuarbeiten. Falls dies im Alltag eine eher untergeordnete Rolle spielt, kann ihn das Training schnell überfordern: Plötzlich soll er Aufmerksamkeit zeigen, Anweisungen befolgen und dies auch noch über einen längeren Zeitraum.

Schätzen Sie Ihren Hund realistisch ein: Wie lange kann er aufmerksam mitarbeiten, wann braucht er eine Pause? Auch die Wartezeit, in der nach Ansicht vieler Hundehalter doch gar nichts geschieht, kostet Energie und schwächt den Aufmerksamkeits-Akku.

Beim Training steht Ihnen ein Ausbilder zur Seite, mit dem Sie Ausbildungsschritte und Schwierigkeiten besprechen können. Wenn man noch nicht so geübt ist, seinen Hund zu lesen oder mit sich selbst und der Aufgabe genug zu tun hat, bemerkt man beispielsweise eine beginnende Unaufmerksamkeit oftmals viel zu spät. Ein versierter Ausbilder kann Ihnen hier wertvolle Hinweise geben:

- In welchen Situationen fällt dem Hund das Aufmerksamsein grundsätzlich noch schwer: in einem bestimmten Umfeld, am Ende des Trainings, bei schwierigen oder länger dauernden Aufgaben?
- Wann müssen Sie während des Arbeitens mit Unaufmerksamkeit rechnen: bei zu geringem Abstand zu anderen Teams, einer Irritation von außen, wenn Sie selbst aus dem Konzept geraten?
- Wie zeigt sich die beginnende Unaufmerksamkeit beim Hund: ändert sich sein Gesichtsausdruck, die Ohrstellung, beginnt er zu hecheln, schaut er sich häufiger um, zeigt er mehr oder weniger Körperspannung, verändert sich sein Gang?
- Für welche Aufmerksamkeits-Probleme finden Sie im Moment noch praktische Lösungen (größerer Abstand, längere Vorbereitung, einfachere Aufgaben). An welchen Punkten arbeiten Sie gerade und welche Trainingsschritte bzw. Unterstützung benötigen Sie dafür?

Wettkämpfe haben ihre eigenen Gesetze

Das beginnt bereits mit einem längeren Anfahrtsweg zu einer Tageszeit, in der Sie beide sonst nicht in Arbeitsstimmung sind. Es ist deutlich mehr Betrieb, als Sie es aus der Übungsgruppe gewohnt sind, Unterlagen müssen bereitgehalten und Startnummern entgegengenommen werden. Sobald etwas anders abläuft als sonst oder neue Reize auftreten, beansprucht dies ganz automatisch einen Teil der Aufmerksamkeit von Hund und Mensch.

Beginnen Sie deshalb nicht gleich mit Ihrer eigenen Prüfung. Schauen Sie, evtl. ohne Hund, bei einer Veranstaltung zu. So können Sie Eindrücke sammeln vom Umfeld, den geforderten Leistungen und sich Gedanken darüber machen, wie Sie Ihren Hund darauf vorbereiten.

Im nächsten Schritt darf sich Ihr Hund mit dem Geschehen vertraut machen. Gehen Sie mit ihm am Rande eines Wettkampfs, einer Ausstellung oder des Trainings einer fremden Übungsgruppe etwas auf und ab, bleiben Sie immer wieder stehen oder setzen sich für eine Weile nieder. Wenn er sich an das Umfeld gewöhnt hat, können Sie ihm abseits der Veranstaltung erste Aufgaben stellen: vertraute Aufmerksamkeits-Übungen, eine Aufgabe, die ihm leicht fällt bis hin zu Übungen, die später unter eben diesen Bedingungen gelingen sollen.

Sobald Sie sich immer besser aufeinander konzentrieren und die Umgebungsreize ausblenden können, dürfen Sie sich auch mehr zutrauen. Vielleicht ist ein Training oder Workshop in neuer Umgebung, bei dem der Hund über längere Zeit aufmerksam mitarbeiten soll, ein guter Zwischenschritt, ehe Sie Wettkämpfe in Angriff nehmen.

Ihr vorrangiges Ziel ist dabei nicht die perfekte Leistung oder eine super Platzierung, sondern ein ruhiger und aufmerksam mitarbeitender Hund.

Prüfungsluft schnuppern: Hund und Mensch gewöhnen sich an das Umfeld und üben, in dem aufgeregten Trubel, die Aufmerksamkeit aufeinander nicht zu verlieren.

Pausen zum Regenerieren. Je länger ein Training oder Wettkampf dauert, umso wichtiger sind diese Auszeiten. Ein kurzer Pausenspaziergang hilft vielen Teams beim Stressabbau. Der Hund kann sich in Ruhe versäubern, darf schnüffeln oder evtl. auch einige Meter rennen.

Nutzen auch Sie die Pause zum Durchatmen. Ob ein Austausch mit anderen Teilnehmern dazu beiträgt oder Sie besser für sich bleiben, mag unterschiedlich sein. Informieren Sie sich, wie lange die Pause dauert, damit Ihnen genügend Zeit bleibt, um sich auf die nächste Aufgabe vorzubereiten.

Für die Pause auf dem Gelände suchen Sie am besten eine wenig frequentierte Ecke, vielleicht sogar mit etwas Sichtschutz zu anderen. Verwenden Sie die vertraute Ruhedecke von daheim oder ein eingeübtes Ruhe-Pausen-Signal. Wenn der Hund gelernt hat, sich auf seine Decke zurückzuziehen und weiß, dass er dort abschalten und auf nichts Weiteres achten muss, hilft ihm das, auch in unterschiedlichsten Momenten und Umgebungen, zur Ruhe zu kommen. Bleiben Sie in seiner unmittelbaren Nähe, damit Sie sofort reagieren können, falls er unruhig oder von anderen belästigt wird. Manche Hunde ruhen entspannter, wenn der Kontakt zu ihrem Menschen auch in der Pause nicht völlig abreißt. Dem einen reicht es, in der Nähe des Menschen zu sein, ein anderer möchte mit Körperkontakt liegen. Ruhiges Streicheln oder eine kleine Massage kann ebenfalls zu einem ausgeglichenen Gemütszustand beitragen, aus dem heraus der Hund dann wieder aufmerksam weiterarbeiten kann.

Warten im Stand-by-Modus

Warten können, bis Sie an der Reihe sind oder während der Ausbilder/Prüfer etwas erklärt, gehört mit zum Training oder Wettkampf. Im Unterschied zu Pausen, in denen Hund und Mensch entspannen, ist der Hund in einer solchen Wartesituation am besten in einer Art Stand-by-Modus: Er wartet ruhig, aber dennoch aufmerksam neben Ihnen.

Die ersten Warteversuche sehen bei den meisten Teams jedoch anders aus. Die Vierbeiner schnüffeln, ziehen an der Leine, fordern Aufmerksamkeit und die Hundehalter sind mehr oder weniger damit beschäftigt, den Hund zu kontrollieren. Nehmen Sie sich die Zeit und üben Sie mit Ihrem Hund das ruhige Warten, es lohnt sich. Einige Hundehalter geben hierzu eine Anweisung wie SITZ oder PLATZ. Dann muss allerdings auch darauf geachtet werden, dass der Hund die angewiesene Position einnimmt und hält.

Eine andere Möglichkeit: Der Hund lernt das ruhige Abwarten, ohne dafür ein extra Signal zu bekommen. Im Prinzip soll er ja nicht aktiv etwas tun, sondern »nur« warten.

Indi hat bereits gelernt, ruhig zu warten, das macht es ihrem Halter leichter, sich auf Erklärungen zu konzentrieren.

- Suchen Sie für die ersten Warte-Übungen eine uninteressante Stelle, etwas abseits der Gruppe. Lassen Sie die Leine locker, aber nicht allzu lang, der Hund soll neben Ihnen sein und nicht um Sie herum auf Entdeckung gehen.
- Loben Sie ihn für ruhiges Verhalten, belohnen Sie ihn evtl. zusätzlich mit einem kleinen Leckerchen, ohne dadurch Ruhe und Konzentration zu gefährden.
- Anfangs genügen wirklich nur einige Sekunden, in denen der Hund ruhig neben Ihnen wartet. Dehnen Sie die Wartezeit nach und nach immer mehr aus.
- Falls es für Sie oder den Hund sinnvoller ist, dass er dabei eine bestimmte Position einnimmt, können Sie dies schrittweise formen, ohne ein extra Signal dafür zu geben. Belohnen Sie zunächst das ruhige Stehen neben Ihnen, dann das spontane Hinsetzen oder Hinlegen bis Sie dann beim gewünschten Sitzen- oder Liegenbleiben angekommen sind.
- Verlagern Sie die Warte-Übung in die Nähe der Trainingsgruppe. Halten Sie aber so viel Abstand, dass ein evtl. losstartender Nebenhund, den Ihren nicht erreichen kann.
- Wichtig dabei ist Ihr Vorbildverhalten. Für manchen Vierbeiner ist der ruhig neben ihm weilende Mensch bereits Signal genug, um ebenfalls ruhig zu warten.

Eine kurze Unterbrechung direkt vor oder während einer Aufgabe kann irritieren und manchen Teams fällt es schwer, danach konzentriert weiterzuarbeiten. Wenn eine solche Unterbrechung bei Ihnen aufgaben- oder situationsbedingt häufiger vorkommt, macht es durchaus Sinn, dass Sie sich und den Hund daran gewöhnen.

Startverzögerung trainieren
- Gehen Sie zum Startplatz oder nehmen Sie die Position ein, mit der die Aufgabe beginnt und warten Sie einen kurzen Moment, ehe Sie starten. Im nächsten Lernschritt dehnen Sie diesen Moment etwas weiter aus, es soll aber wirklich nur eine kurze Verzögerung sein, damit der Hund weiterhin motiviert bleibt.

Unterbrechung während der Aufgaben
- Je nach Dauer können Sie den Hund ruhig neben sich warten lassen oder im Konzentrations-Modus halten, in dem Sie ihm eine Anweisung geben oder ein paar Schritte gehen.
- Gewöhnen Sie ihn dann daran, dass Sie während dieser Zeit mit anderen sprechen müssen, ohne dass er sich angesprochen fühlt.
- Lässt die Aufmerksamkeit des Hundes nach oder reagiert er immer aufgeregter, war die Wartezeit noch zu lange.
- Sprechen Sie den Hund nochmals bewusst an, ehe Sie dann mit ihm weiterarbeiten.

Volle Konzentration bei den Aufgaben

Gleichzeitig aufmerksam zu sein, ist gar nicht so einfach – mal ist der Hund abgelenkt, mal »schwächelt« der Mensch. Manche Hundehalter werden beispielsweise gegen Ende einer Aufgabe unaufmerksam (es ist ja schon fast geschafft). Diese, oft nur minimale Unkonzentriertheit reicht aus, dass auch der Hund unaufmerksam wird und Fehler macht.

Im Einklang miteinander zu arbeiten, entwickelt sich erst im Laufe der Zeit.

Ein guter Start. Im Großen und Ganzen wissen Sie, wann Sie an der Reihe sind oder welche Aufgabe gearbeitet werden soll. Nutzen Sie diesen Vorteil, um den Hund zu unterstützen.

Durch Rituale kann sich auch Ihr Hund darauf vorbreiten, dass nun konzentriertes Arbeiten gefragt ist. Das kann ein aufmunterndes »Los geht's« sein oder ein leise gesprochenes »Arbeiten« für Vierbeiner, die zum Übereifer neigen und bei denen jedes zu animierende Signal kontraproduktiv ist. Auch ein Leinen- bzw. Halsband-Wechsel oder das immer gleiche Vorgehen beim Ableinen kann zum vorbereitenden Signal werden.

Gehen Sie ruhig und fokussiert zum Startpunkt, blenden Sie alle Ablenkungen so weit wie möglich aus: die unruhige Kursgruppe, die Nähe der anderen Teams, den Trubel bei Ausstellungen oder den prüfenden Blick des Richters. Der Hund spürt Ihre zuversichtliche Gestimmtheit genauso wie Ihre Verunsicherung und reagiert darauf.

Falls Sie etwas mehr Zeit zur Einstimmung benötigen, könnten Sie einen etwas längeren Weg wählen, der mit ein oder zwei Wendungen zum Startpunkt führt.

Bleiben Sie in Verbindung. »Erspüren« Sie, wie es sich anfühlt, wenn Sie und Ihr Hund gedanklich und auch in den Bewegungen aufeinander eingestimmt sind. Dazu gibt es keine konkreten Parameter, Empfindungen sind individuell. Sie bemerken es am ehesten bei einer Aufgabe, die beide gerne arbeiten und in einem Arbeitsumfeld, in dem Aufmerksamkeit leichtfällt.

Starten Sie nicht vorschnell. Atmen Sie nochmals kurz durch, schauen Sie, ob auch Ihr Hund bereit ist, richten Sie Ihre Gedanken auf die bevorstehende Aufgabe und dann geben Sie das Signal zum Arbeiten.

Wecken Sie auch im Hund das Interesse am »Wir-Gefühl«. Loben Sie ihn für seine Mitarbeit, dazu müssen Sie ihm nicht jedes Mal ein Leckerchen reichen, das wäre unpraktisch und bei Prüfungen auch meist nicht erlaubt. Ihr Blick, ein leises Lobwort signalisiert ihm, dass Sie gerade ganz begeistert sind und Ihre anhaltende Konzentration auf ihn und die Aufgabe zeigt ihm, dass Sie gemeinsam gerade Wichtiges zu tun haben.

Während einer schwierigen Trainingsphase oder nach einer nicht so gelungenen Prüfung kann das Gefühl eine Einheit zu bilden, etwas verloren gehen. Versuchen Sie es wieder zu festigen, auch wenn Sie dazu einige Lernschritte zurückgehen müssen.

Bemerken Sie, wann der Draht zueinander verloren geht. Greifen Sie hier auf die Hinweise Ihres Ausbilders zurück: In welchen Momenten müssen Sie damit rechnen, wie zeigt sich die schwindende Aufmerksamkeit beim Hund? Je schneller Sie es erkennen, umso zügiger können Sie gegensteuern. Am wichtigsten ist es, dass Sie sich davon nicht aus der Ruhe bringen lassen und fokussiert bleiben. Das hilft auch dem Hund, sich wieder zu stabilisieren.

Wenn Hund oder Mensch ganz aus der Konzentration geraten sind, empfehle ich anfangs, zumindest beim Training, einen kurzen Stopp. Halten Sie wirklich an, sammeln Sie Ihre Gedanken und erst dann geben Sie dem Hund eine exakte Anweisung. Ein Abbruch und Neubeginn vermeidet auch, dass der Hund den »Fehler« mit lernt. Wenn Sie ihn immer wieder daran erinnern müssen, aufmerksam zu sein, wird diese Erinnerung für ihn ein Bestandteil der Übung und seine Aufmerksamkeit verbessert sich nicht. Er wird immer wieder abschweifen, warten bis Sie ihn erinnern und dann wieder aufmerksam sein.

Wenn Sie beide geübter sind, müssen Sie die Aufgabe nicht jedes Mal abbrechen. Oft reicht dann ein »Sich-selbst-zur-Ordnung-Rufen« und eine damit verbundene, bewusstere Körperhaltung, ein Räuspern oder ein kurzes Signal an den Hund, um wieder in die Spur zu kommen. Und ganz wichtig: Loben Sie den Hund, wenn er wieder aufmerksam mitarbeitet.

Welche Signale Ihrerseits tragen dazu bei, dass der Hund seine Aufmerksamkeit während einer Aufgabe beibehalten kann?

Ist es Ihre Körperspannung, die Haltung, der Gang, Ihre gedankliche Fokussierung oder eine konkrete Anweisung?

Ein guter Abschluss ist genauso wichtig wie das Training oder der Wettkampf selbst.

Hund und Mensch haben gearbeitet, lassen Sie jetzt auch gemeinsam die Anspannung abfallen: Durch ein Spiel, einen ruhigen Spaziergang oder eine Kuscheleinheit – einfach etwas, das Ihnen beiden guttut.

Nehmen Sie sich die Zeit für eine Nachbetrachtung. Reflektieren Sie Ihr Vorgehen, das Verhalten des Hundes und die Arbeitsleistung am besten mit etwas zeitlichem Abstand zum Geschehen. Direkt nach dem Training oder einer Prüfung fällt es meist schwer, die Dinge objektiv zu betrachten oder sich auf Anmerkungen zu konzentrieren. Optimal ist es, wenn Sie von Ihrem Ausbilder ein Feedback bekommen und mit ihm zusammen das weitere Vorgehen besprechen können.

Ihr Ziel, noch besser zu werden, ist wichtig, aber schätzen Sie auch die kleinen Zwischenerfolge und freuen Sie sich auf die weitere Zusammenarbeit mit Ihrem Hund.

Schlusswort

Es ist ein gutes Gefühl, wenn nach vielen intensiven Monaten endlich alle Gedanken geordnet und in Buchform zusammengefasst sind und schöne, aussagekräftige Fotos dazu bereitliegen.

Ganz herzlichen Dank an alle, die sich mit mir zusammen auf dieses Projekt eingelassen und zu seinem Gelingen beigetragen haben:

Ulrike und Nobert Böse – die harmonische Beziehung zwischen Euch und Euren Hunden und Euer Engagement haben aus einem Foto-Shooting ein tolles Erlebnis gemacht.

Meine Lektorin Claudia König hat mich, wie immer, kompetent unterstützt ohne einzuengen.

Danke an Britta und Michael Streck, Martina Empen, Sandra Benzing und Sonja Felgner für die wunderschönen Fotos.

Vielen Dank an Britta und Michael für die konstruktiven Gespräche, Eure Geduld beim Foto-Shooting und die Unterstützung beim Zusammenstellen der Fotos.

Mein größter Dank geht an meine Hunde, besonders an Mogli und Paul, die mir gezeigt haben, wie individuell Aufmerksamkeit sein kann.

Mogli – souverän und eigenständig. Viele haben ihn als desinteressiert bezeichnet und häufig wurde ich angehalten, mehr Aufmerksamkeit einzufordern. In Wirklichkeit war dieser Hund auf gute Zusammenarbeit bedacht, aber auf eine unspektakuläre Art und Weise. Die kleinen Orientierungsgesten in meine Richtung konnte man leicht übersehen. Meinen Anleitungen hat er mit ruhiger Gelassenheit Folge geleistet, nur die kurzen, aber intensiven Blickkontakte zeugten von einer engen und wissenden Verbindung. Ich habe es nie für nötig erachtet, mit ihm besondere Aufmerksamkeits-Übungen durchzuführen, sondern mich auf das beschränkt, was für Ihn ausgesprochen wichtig war: ihn dezent zu loben und ihm zu signalisieren, dass ich seine Aufmerksamkeit bemerkt habe und sehr schätze. Vielleicht hätte man ihn in diesem Bereich noch mehr fördern können – für mich war es ausreichend und für ihn hat es gepasst.

Paul – aufmerksam, immer in meiner Nähe und zur Zusammenarbeit bereit. Auf den ersten Blick ein »leichtführiger« Hund. Aber, so vieles lenkt ihn ab und bringt ihn aus der Ruhe. Paul scheint zu spüren, dass er die Aufmerksamkeit auf seine Menschen benötigt, unsere Anleitung und Anwesenheit gibt ihm Sicherheit. Es war jedoch ein längerer Weg, bis ich mit seiner fast übereifrigen Aufmerksamkeit umgehen konnte und er gelernt hat, ruhig und aufmerksam zu kommunizieren. Inzwischen sucht er in Situationen, die ihn überfordern oder irritieren, den Kontakt zu mir und kann mit seiner Aufmerksamkeit bei mir bleiben. Das eintrainierte Aufmerksamkeits-Signal »Führen mit der Hand« ist ihm eine große Hilfe.

Würde ich von beiden Hunden eine Art Einheits-Aufmerksamkeit erwarten und mit beiden gleich umgehen, wäre das höchst ungerecht. Denn jeder kann nur das zeigen, was er von seiner Persönlichkeit her mitbringt und darüber hinaus – im Rahmen seiner Möglichkeiten – lernen konnte.

AUTORENPORTRAIT
Monika Schaal

ist Hundetrainerin und arbeitet seit vielen Jahren mit Problemhunden verschiedenster Rassen. Sie betreut Therapiehunde, engagiert sich für die Rettungshundearbeit und ist Ausbilderin im Deutschen Retriever Club. Sie hält Vorträge und Seminare und hat mehrere Bücher zum Thema Hund und Hundeausbildung veröffentlicht. Zusammen mit Familie und Hund lebt sie in der Nähe von Stuttgart.

Monika Schaals Hauptanliegen ist es, Hundeausbildung entspannt, alltagstauglich und vor allem individuell zu gestalten und den Hundehaltern Freude an der Arbeit und dem Zusammenleben mit dem Hund zu vermitteln.

Rabatte und mehr gibt's im

Trainieren – Helfen – Sparen

Tipps und Training

Rabatte

Expertenrat

Tierschutz

Magazin

**Austausch +
Club-Treffen**

www.club.derhund.de

**Spare
25 Euro**

Jetzt anmelden und alle Clubvorteile sofort nutzen:
Mit dem **Gutschein-Code SPARE25**
zahlst du **statt 90 Euro** im ersten Jahr **nur 65 Euro!**

Unterstützt von:

Goldpartner:

Silberpartner: